犬・猫の気持ちで住まいの工夫

増補改訂版

ペットケアアドバイザー・
一級建築士と考えよう

金巻とも子

彰国社

目次

犬や猫と共に生きるために　9

1章
犬・猫をよいコに育てる住まいのつくり方　15

犬や猫の気持ちをくんだ、家族が穏やかにくらせるしつけのしやすい住まいに　17

1. しつけってなに？
（犬や猫にわかりやすく教えられる、頼りがいのある飼い主になろう）　19
2. 人がリーダーシップをとろう！　21
3. しつけのしやすい住まいって？　23
4. 困った行動やにおいと住まいの関係って？　25

これだけは知っておきたい、犬や猫と共にくらす住まいのポイント　28

1. 犬や猫の「居場所の確保と制限」をすること　28
2. 住みやすさにかかわる「収納スペースの確保」　37
3. 「掃除のしやすさ」は大事　38
4. 「空気環境の維持」は人にも犬や猫の健康にも影響大！　41
5. 犬や猫に困らせられないために「防御だけでなく、満足も与える」　42
6. 考えておきたい「高齢化対策」　43

> 🐾 コラム01 🐾
> 住まいにおける犬や猫の生活範囲の考え方　44

章
犬や猫とのくらしで おさえておきたい住まいの工夫 47

愛犬とくらす
1. 愛犬に困った! をなくそう 50
2. おウチの中でできる工夫 52

愛猫とくらす
1. 愛猫を完全室内飼育でも退屈させない! 61
2. 愛猫に困った! をなくそう 64
3. おウチの中でできる工夫 65

スツールを使った隠れ場所 67

犬や猫と防災について 70

> 🐾 コラム 02 🐾
> やってはいけない住まいの工夫　74

3章
犬・猫のくらしQ&A

犬の生活空間の配置

Q.01 犬が和室に逃げ込むのです……　78
Q.02 隠れ家で「三楽暮」できますか　80
Q.03 複数いるときのサークルはどうなりますか　82
Q.04 同じ空間の中に入らせない場所をつくるには……　84
Q.05 チャイムが鳴るたびに吠えるんですが……　88
Q.06 私が出かけようとすると犬が騒ぐのです……　90

> 😺 **コラム03** 😺
> 犬に外出がわからないような工夫をした玄関まわりのプラン　91

Q.07 犬と一緒の寝室を使ってはダメでしょうか……　92

> 😺 **コラム04** 😺
> マンションリフォームで犬・猫用スペースを取り入れたプラン　94

> 😺 **コラム05** 😺
> 単身でくらす高齢者のマンションで犬・猫とのくらしを考えたプラン　96

猫の生活空間の配置
- **Q.08** 猫がいたら障子はボロボロにされるものなんでしょうか　98
- **Q.09** 猫には、ワンルームでの飼育はストレスなんでしょうか　100
- **Q.10** 仲のよくない猫がいて、キャットウォーク(渡り通路)の上で一触即発の状態に……　102
- **Q.11** せっかくのキャットアスレチックを使ってくれません……　107
- **Q.12** 猫用アスレチックの空間をつくったら、人とのかかわりが減った?　109
- **Q.13** 運動量が増えたのはよかったけど、大騒動になるようになった……　112
- **Q.14** キャットウォークの床の一部を透明なガラスにしたら、猫が歩きません　114

> 🐾 コラム06 🐾
> 猫がテラスで遊べるプラン　118

家具・収納関係
- **Q.15** 食卓のまわりを犬が走りまわって困るのです……　120
- **Q.16** ゴミ箱をイタズラするので困ります……　122
- **Q.17** 足拭き台から落っこちてしまいます……　123
- **Q.18** 猫に出窓の下壁を汚されてしまいます……　125

> 🐾 コラム07 🐾
> 犬の足拭きスペースを充実させた玄関まわりのプラン　127

- **Q.19** どんな"面白い"という評判のオモチャも、ウチのコ、すぐあきてしまうのです　128

犬と猫がいる場合の食事の管理
Q.20 猫のフードを犬が食べてしまうのです　131

階段
Q.21 勾配のゆるい階段をつくってあげたのに、
それでも犬が腰を痛めてしまいました……　133

床
Q.22 じょうぶなフローリングにしたら
犬がすべるようになってしまいました……　136
Q.23 毎回同じ場所にオシッコを失敗してしまいます……　141
Q.24 トイレを覚えてくれません……　145
Q.25 犬が床を掘ってしまいます……　145
Q.26 コルク床は爪傷に弱くて、シミも付きやすいのでしょうか……　147
Q.27 タイルは掃除がしやすいのですが、体は冷えるのでしょうか……　148
Q.28 犬や猫がいると腰壁は必要でしょうか……　149
Q.29 猫が壁や柱に爪とぎしてしまいます……　151
Q.30 水拭きしやすい壁紙にしたのに、
汚れやすいのはどうしてでしょう……　152
Q.31 オシッコがコンセントに掛かってしまいました……　154

ドアまわり
Q.32 握り玉以外の、犬や猫に開けられにくいドアの把手は……　155
Q.33 開けたドアを犬にぶつけてしまいました……　157
Q.34 ドアの通気用ルーバーを壊されてしまいました……　158

ペットゲート
Q.35 ペットゲートを飛び越えちゃいます　159

窓まわり

Q.36 猫がカーテンを
よじのぼってしまいます…… 161

Q.37 犬がブラインドに手をかけて壊してしまいます…… 162

Q.38 外開きの窓にも蚊が入りにくいよう、網戸を付けられますか…… 163

Q.39 網戸に犬が突進して突き破ってしまいます…… 164

音

Q.40 遮音カーテンが機能していない気がします…… 166

Q.41 夜間に犬に吠えられると、
ご近所にも響いていないか気になります…… 167

照明

Q.42 高齢になって夜、寝つきがわるくなったようです…… 170

空気環境

Q.43 暖房の効きすぎか、ハアハアしてしまっています…… 172

Q.44 猫好きなのに、猫アレルギーになってしまいました…… 173

衛生設備

Q.45 犬が収納の中のトイレを使ってくれません…… 176

Q.46 毎日足を水洗いしていたら、足先がかぶれてしまいました…… 177

Q.47 やさしくシャンプーするためには…… 179

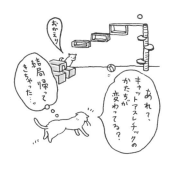

> コラム08
> 犬は勝手口から出入りするプラン 181

> コラム09
> 猫用トイレを洗面室に置いたプラン 182

庭まわり

Q.48 犬に庭の植物を掘りおこされてしまいます…… 183

Q.49 虫除けの方法は、薬剤以外にありますか…… 185

Q.50 犬が観葉植物をかじって吐いてしまいました…… 186

Q.51 ゲートの下をくぐって、道路に飛び出してしまいました…… 190

Q.52 人工芝でパッドがかぶれてしまいました…… 191

> コラム10
> 犬はテラスから出入りするプラン 193

犬や猫のことを考えた床材リスト 194

参考文献 198

よりよい犬や猫の住まいの環境のために 199

装画・本文イラスト　すずきみほ
装丁・本文デザイン　小林義郎

犬や猫と共に生きるために

　犬や猫とくらすというと、かつては「犬は外でつないで飼うもの」「猫は自由な放し飼い」というイメージがありました。犬を玄関先や庭先につないで飼うという姿は、番犬としての役割を与えられていた犬に多い飼育形態で、これを基本的な飼育と信じている方もまだ多いかもしれません。

　しかし、都心だけでなく、広い庭をもつ郊外の一軒家でさえも、犬と室内で共にくらすのは珍しいことではなくなりました。

　室内で飼うのは、閉じ込めて「かわいそう」と思ってしまいがちですが、そんなことはありません。犬や猫の心の健全性を考えても、人とくらすためのマナーやルールを学ぶうえでも、室内で飼ったほうが効果的です。猫においては、とくに都心では交通事故や伝染病、他家の庭での排泄などによるトラブルを防止するために、「完全室内飼育」が広まっています。その結果、室内に様々な工夫が求められています。

　先進国を手本に、しつけやトレーニング方法、くらし方を日本は取り入れてきました。しかし、日本では苦労している例が多いようです。動物観などの違いが指摘されていますが、気候による室内環境の違いも原因の一つとしてあると思われます。高温多湿という、欧米とは異なる気候が特徴の日本では、カビやダニなどの少ない住環境の維持が必須です。建物構造はもちろん、建材も調湿性の高いものや、裸足でも心地よい床が発展してきました。土足文化の欧米とは、そもそもの環境課題が違うのです。日本ならではの、犬や猫との住まい方の工夫が模索されているのが現状です。

さて、それでは犬や猫と共にくらすために必要なこととはなんでしょうか？

　「床や壁をじょうぶにする」「床をすべらないものにする」「汚れやにおいの防止対策をしておく」、おおよそこうした答えが返ってくると思いますが、これは単なる「トラブル対策」です。犬や猫の立場には立っておらず、一緒のくらしを楽しむという観点に欠けているのが寂しいですね。

　こうした対策にばかり目がいってしまう飼い主は次のような考え方をしていることが多いようです。

　「興奮しやすくて、お行儀がわるいのは、『しつけ』がわるいから（『しつけ』って、むずかしそうだし）」

　「犬なのだから、家の中でも走ったり吠えたりするのはあたり前」

　「家がくさいのは、動物がいるから」

　「猫が家で爪をといでまわるのは、勝手気ままな猫を無理に家に閉じ込めて、ストレスをためさせてしまっているから」

　このように、犬や猫を室内で飼育するのはむずかしいものという思い込みがあるので、「あきらめ」という思考停止の状況に陥っています。このような「あきらめ」思考で生活を成り立たせてしまうと、くらしや住まいへの満足度は下がる一方です。

　また、それとは逆に、昨今のペットブームによりテレビや雑誌では「犬や猫用の素敵な住まいの工夫」がたくさん見られるようになりました。「このコたちが喜ぶ住まいをつくってあげたい」という気持ちにあふれています。そうした工夫は、「留守番で退屈しないように外を眺められる犬用窓」「猫のための梁を渡した専用の通路」

などが代表的ですが、人側の勘違いによる一方的な押しつけの場合も多いものです。

「喜ぶだろう」という工夫も、誤った擬人化から考えたものだと危険です。犬や猫がわが子のような存在であっても、生理や生態、行動パターンは人とは異なるのです。その違いを認め、かれらの本質を尊重して住環境を整えないと、犬や猫に誤解や無駄なストレスを与えてしまいます。よかれと思ってした工夫なのに、お互いが困ってしまうことさえあるのです。

本来、私たちが犬や猫とのくらしに期待していることは、「楽しいくらし」のはずです。そして、犬や猫のお行儀がよくて、いつも部屋が美しく保たれていることではないでしょうか。

犬や猫だって、大好きな家族を困らせようだなんて、そもそも思ってはいません。困ることなら、してはいけないとしっかり示し、やらなくてすむようにしてほしい。また、家族とはたくさん楽しみたいと思っていますから、そういった思いをくんであげてほしいと思います。

しつけとは、定義は様々あるかと思いますが、飼い主との信頼関係を深め、良好な間柄を構築し維持することと、私は考えています。それが日々の生活の中で養われるのであれば、住まいからもサポートできるはずです。

また、「犬ならコレ」「猫ならコレ」という単一的な工夫というのもナンセンスです。人間にもそれぞれ個性があるように、犬や猫にも個性があり、家族の数だけくらし方も異なるので、工夫もまた変わっていくはずです。

三楽暮の住まいデザインとは

　私は人と犬・猫、そして住宅にとっても「楽」のある環境づくりとして、「三楽暮（さんらく）」を提案しています。

　飼い主が楽しく楽にくらしていれば、犬や猫も緊張せずリラックスできます。犬・猫がその環境を楽しみ満足していれば、飼い主も幸せを感じられます。そして、そんな大好きな家族と一緒にくらす住まいが、飼育に伴う汚損対策や防御ばかりに偏らず、むしろ快適性の追求になっていたり、家事楽（かじらく）へとつながっていけば、資産価値も高まります。そしてなによりも家での時間が楽しく、住まいへの愛着が深まっていくでしょう。

3つの「楽」がバランスよくあること
家庭にはそれぞれドラマがある

　私は、犬や猫を飼っている家庭の状況を整理する中で、犬や猫がいる家庭は、「こうありたい」という要求をもつ人、犬や猫、そして家の三者で成り立っている、と整理しました。

　人は家に対して、自分の趣味や嗜好を反映させた楽しいものであってほしいし、無防備になれる楽な空間であるべきと要求します。共にくらす犬や猫には、お行儀のよいコでいつも楽しくいてほしいと期待します。家は、その住み手に、永く大切にされ、経年変化も価値と思ってもらえるようになっていきたい。犬・猫にしてみても、共にくらす人には、自分にいつもやさしく楽しい人でいてほしい。そして、住まいには、自分の自然な要求を拒否せず快適で楽しい空

間であってほしい。

　それぞれが自分らしく自然（楽）に生活（存在）したいと思っています。そのため、三者は「楽」というそれぞれへの要求のバランスをとることが必要であると考えたのです。誰かが無理をしていると、力のバランスがわるくなって、家庭の全体的幸福度が落ち、住まいに対しても満足度が下がってきます。

　支え合うバランスが崩れると、ガマンや警戒などで生活に緊張感が強くなってきます。学習や作業効率を高めるには、適度な緊張は必要ですが、それは平時にリラックスしていてこそ効果が望める緊張です。誰かが負担を強いられていれば、結局、負のスパイラルがおこり、誰も「楽」ができなくなってしまうのです。

　もっとお互いに得（楽）するようにと考えると、バランスのよい「楽」ができ、「幸せの」相乗効果も期待できます。たとえば、こんなことです。

- ウチのコが落ち着いてくれたら、飼い主である自分たちも落ち着けます。
- 飼い主の落ち着いている様子を見て、犬や猫も落ち着けます。

　動物の性格を養うのには、生活する環境が大切とされますが、犬や猫にとってみれば、飼い主も環境の重要な要素です。とくに、犬の行動の多くが、その飼い主の行動によるのですから、飼い主との信頼関係はもちろんですが、飼い主自身が楽しそうにくらしていることも大切でしょう。人が楽しそうに生活するためには、犬や猫のケアにうろたえたり戸惑わないという、家事楽の工夫が求められます。

　家事楽は、たとえば収納。

- **効率のよい収納ができている室内は、物を放置しなくなります。**
- **物がないと余計な誘惑もないので、犬や猫は物にちょっかいを出し、怒られるようなことがなくなります。**

飼い主が楽をすることが、犬や猫が怒られる原因を減らすことになるわけです。居場所ならば、隠れ家となるようなハウスです。

- **犬や猫の居場所（ハウス）を快適にしてくつろげるようにすれば、無駄な興奮を防ぎ、犬や猫が住まいを傷つけるようなことが減ります。**
- **汚損に対しては部分的な対応ができれば、その他の大部分の空間は、趣味や嗜好の反映といったデザインを優先できます。とくに、傷や汚れに弱いからとさけられてきた建材には、漆喰などの左官材や健康建材も多くありますが、そういったものも積極的に採用できるようになります。**

調湿は被毛の健康に影響するので、犬や猫の健康のためにも大切なことです。健康建材が空間の意匠効果を高めるものであれば、人の満足度は何倍も上がります。家事楽といった住まいの機能性が合わさって、住宅の基本性能が高くなれば、家という建物の価値も永く続くはずです。

こういった、3つの楽で幸せの相乗効果をもたらすくらし方の「三楽暮」とは、お互いの都合を聞きながら、ほしいものをあきらめない、ポジティブに楽しみの要素を増やしていく、そういう提案です。

この本では、「三楽暮」の実践で、単なるペットのトラブル対策に終わらない、人も犬も猫も健康で、心が通う、それぞれの家族に合った住まいづくりを考えていきます。

1章

犬・猫をよいコに育てる住まいのつくり方

ご近所でのペット問題は、無駄吠えや不適切な場所での排泄などです。いわゆる「しつけ」にてこずっている家庭は、その多くがその家の中だけで防ぐことができず、騒音や不衛生という形で、ご近所にも影響を与えてしまっているのです。集合住宅や住宅密集地では、単純にご近所との距離が近いので問題が伝わりやすいだけなのです。

　こういったトラブルを解決するためには、問題になる行動をおこさせる原因となるものを排除すると同時に、「しつけ」（犬や猫が人とのくらしのルールを覚えるためのトレーニング）をすること。効率のよいトレーニングのためには、問題になる行動を誘発させるような邪魔な要因を室内からなくしてあげるという、環境の整備が大変効果的です。

犬や猫の気持ちをくんだ、家族が穏やかにくらせるしつけのしやすい住まいに

　犬や猫との住まいというと、傷・汚れ防止や無駄吠え対策として、傷に強い床材や壁材、消臭グッズや防音設備などに意識がいくようです。しかし、こうしたトラブル対策は表面的なもので、犬や猫と楽しく快適にくらすという視点に欠けています。

　また、「ウチはとくに問題ない」と家族が思っている場合でも、まだ問題が表面化していないだけで、一緒にくらしている犬や猫にストレスの影を感じることがあります。

　たとえば、
- 来客が来ると騒いで落ち着かない。
- 玄関に誰か来ると吠えたてる。
- 家族の一人に付いてまわり、その人とつねに一緒にいないと不安がる。
- 皮膚が弱かったり、食物アレルギーがある。

1章　犬・猫をよいコに育てる住まいのつくり方

犬や猫にそんな様子があれば、少し理由を考えてあげてほしいのです。人がさほど気にならない程度でも、犬や猫にとってはかなりの負担となっている場合があります。

　わが子のように思うばかりに、室内に擬人化した犬や猫用の工夫を施すのはさらに危険です。犬や猫は行動パターンや常識が人とは異なります。その違いを尊重せず、一方的な愛情（工夫）を押しつけてしまうと、犬や猫にとってはそれが逆にストレスの種になってしまうのです。当然、家の中が汚されたり荒らされたりします。そうした行動は、「ストレスを抱えています」という、言葉で伝えられないかれらの訴えなのです。それを理解することなく、単に床や壁に傷防止対策などを施しただけでは、いつも心に不安を抱えた状態になり、集中力がそがれ、しつけなどのトレーニングにも身が入らなくなります。

　そこで、人もかれらもお互いに健康で、「意思の疎通がはかりやすく、しつけがしやすい」住まいを目標に、どういった建築的な工

夫ができるかを考えていきましょう。そのためにはまず基本的な犬や猫の行動の意味と、しつけをしやすいポイントを見直していきます。

1. しつけってなに？（犬や猫にわかりやすく教えられる、頼りがいのある飼い主になろう）

では、お行儀のよいお利口な犬や猫になってもらうため、「しつけ」とはなにか、改めて考えてみましょう。一般的には次のようなものが挙げられます。

- 犬……「オスワリ」「マテ」「吠えないこと」を覚えさせる。
- 猫……「壁や家具で爪をとがないように」を覚えさせる。
- 犬・猫共通……「トイレ」を覚えさせる、「入ってはいけない場所」に入らせない、イタズラをさせない、などなど。

つまり、家のルールと合図を理解させることが多いようですが、たとえば犬に教える「オスワリ」や「マテ」などは、実は単なる芸ではありません。この合図をされたと同時に「その場で座る」などの行動をとることによって、事故やトラブルを回避することができる、人と犬が一緒にくらすために必要で、重要なものです。

つまり、一般的にいわれる「しつけ」とは、犬や猫に人の合図やルールを理解させ、家や社会での「正しい行動」を教え、「やっては困る」ことをやらなくてすむようにしてあげることです。

であれば、かれらにはじめに教えなければいけないことは人との「共通言語」だとは思いませんか？　その中でも、まず教えるべき共通言語は「Good（よし）」「No（いけない）」という基本的な言葉です。もしいきなり「No!」と叱っても、その言葉が「その行動はまちがっている」という意味だと知らなければ、犬や猫にとっては、飼い主が意味不明の声をあげたにすぎません。理解されないうちに連発すれば、一緒になって騒いでいると誤解したり、あるいは

ただ恐怖感を覚えるだけです。

　さらに、犬や猫にそれが「正しい行動」だったか「まちがった行動」だったかを伝えるには、タイミングが重要です。ところが、タイミングよくほめたり叱ったりするのは案外むずかしいものです。なぜなら、犬や猫は、行動に対する評価（「Good」「No」）を、その行動の 0.5 秒以内に出してあげないと理解できないからです（行動学の最新研究では、0.3 〜 2 秒とも発表されました）[1]。

　ただ、ほめ言葉の場合は、同時に撫でてもらえたり微笑んでもらえるので理解しやすく、また勘違いしたとしてもわるい影響は少ないけれど、「No」の場合はむずかしい、といえます。少しでもタイミングがずれたり、ひっきりなしに繰り返されると、その行動ではなく自分自身を否定されていると感じるようになり、怯えやすく自信のない性格になってしまいます。飼い主との関係もギクシャクしてしまい、それから先のしつけはむずかしくなってしまうでしょう。

　自分が納得したことしかしない猫の場合はもっと始末がわるくなります。飼い主に恐怖を覚えたり、「人がいないときにやればいいや」という状態になり、事態は複雑化していきます。

　でも「うわっ、そんなむずかしいんじゃ、しつけなんて私には絶対無理！」と思う必要はありません。

　犬や猫にしつけをしようとするとき、まるで人が一方的にコミュニケーションをはかろうとしていると思いがちですが、実は、犬や猫のほうが、よりそれを望んで働きかけているといえます。まるで逆に飼い主をしつけようとしているかのように、一つ一つ行動をおこしては、その反応や、なにをすれば喜んでくれるのかを知りたくて飼い主にいつも注目しています。

1) Sho Yagishita, Akiko Hayashi-Takagi, Graham C.R. Ellis-Davies, Hidetoshi Urakubo, Shin Ishii, and Haruo Kasai「A Critical Time Window for Dopamine Actions on the Structural Plasticity of Dendritic Spines」Science 2014 年 9 月 26 日号、アブストラクト
URL http://www.sciencemag.org/content/345/6204/1616.abstract

　ですから、「No」と言われること、つまり「失敗」を減らしてさえあげれば、しつけはそうむずかしいことではありません。「成功」が増えると、必然的にほめられることが増えます。すると、自分を認めてくれる飼い主に信頼を寄せてくれるようになり、より複雑なトレーニングだって可能になるのです。

　ルールや合図を覚えることがしつけであるなら、その基盤にあるのは、飼い主と犬や猫との信頼関係です。それを構築して永く維持することこそが重要であり、その本質であるといえるでしょう。

2. 人がリーダーシップをとろう!

　犬や猫にルールを理解してもらうためには、飼い主が「ちゃんと誘導する」、つまりリーダーシップをとらなくてはいけません。

とくに犬では、しつけのトレーニングを「訓練所」に任せてしまったり、「しつけ教室」だけですませようとすると、飼い主自身が日常でのリーダーシップをとれなくなってしまいます。犬は群れの秩序が保たれていることで安心感を覚える生きものです。飼い主がリーダーシップをとっていないと、犬は不安になってしまいます。そこで、勝手な行動をとってみたり、自分が群れを管理しなくてはと来客やちょっとした物音に吠えたり、場合によっては家族を噛んだりすることもおこります。

 「教室ではできていたことが、家に帰るとできなくなっている」というのは、一つには「勉強は教室でやること」という「場所の条件付け」ができてしまっているからです。そのほかにも、実生活は

犬にとって誘惑や気の散りやすいものが多いのです。しつけのトレーニングの実際の現場は、整理された教室内ではなく実生活の家の中であるべきです。家の中は、犬にとっては気になることや誘惑がいっぱいあります。窓の外を通る人や車の音。来訪者はすべて侵入者。テリトリーの中で触れるものはすべて触って確認しなくてはいけないし、とくに仔犬はモノをくわえることで確認をします。噛み心地がよかったり面白ければすべてがオモチャになります。

「やってはいけない行動」には家族全員が「No」と表明しなくては犬や猫には理解できません。そして、どんな時間・状態のときでも同じであること。たとえば、キッチンに入ることを夕方は許さないのに夜は見すごしているとか、お母さんは許さないのにお父さんは許してしまうなどです。これではルールが理解できず、「失敗」は減らないのです。

いろいろな騒音や誘惑物があるなど障害が多い状態でも、トレーナーやしつけに慣れた人なら誘導はむずかしくないのですが、一般の飼い主、とくに初心者にはむずかしいでしょう。

3. しつけのしやすい住まいって?

そこで、しつけのトレーニングのステージとなる家の中を整理します。言葉や合図ではなく、家の中のプランやディテールでつくり込めば、犬や猫にも理解しやすくなります。

犬や猫にも「理解しやすい住まい」にするポイントは次の3つです。

- **入っていい場所といけない場所が、段差やドアなどで区切られて明確に違いがわかる。**
- **勝手に触ってはいけないものが、手や口の届く場所にない。**
- **爪をといだり噛んでもいい場所といけない場所が、感触でわかる。**

仕切りや段差といった形で示したものは、接する人や時間での変

化はありませんし、空間の意味の違いも明確となり、犬や猫にはとてもわかりやすくなります。そして、家族がまちまちの行動をとることも減りますから、自然と「失敗」を減らすことができます。なおかつ、タイミングよく「No」を出せるのでしつけが効率よくできるようになるのです。

　人とのくらしは、犬や猫にしてみれば異国に放り出されたようなものです。すべてが不可解で不安でいっぱいです。飼い主だけがかれらに人の生活のルールや仕組みを通訳でき、不安を取り去ることができる存在です。どうすれば犬や猫にも理解できるのか、どうすれば人がリーダーシップをとりやすくなるのか、面倒くさがらずに考えてあげたいものです。

　生活環境が理解できないものでいっぱいだと、いつも不安で臆病なコや怒りっぽいコになりますが、理解できると自分に自信がついて、落ち着いた「よいコ」になるのです。

　また、日常の生活の中でトレーニングを取り入れる習慣があると、その効果は永く維持できます。空間で利用できる形は活用し、「勉強」というよりちょっとした「ゲーム」の感覚で繰り返すと覚えやすく、お互い永く続けられるでしょう。とくに犬は人の家族となにかを す

ることが大好きですから、トレーニングにも積極的に協力してくれます。自分に自信がもてると、留守番も上手にできるのです。

4. 困った行動やにおいと住まいの関係って?

犬や猫の困った行動には理由があります。その理由がわかると住まいをどう工夫していくべきか、解決方法も見えてきます。ここでは、その理由を挙げてみます。

家の中を走りまわったり、壊してまわるのは……

家の中は、「巣穴」と同じで、基本的にくつろぐ場所です。本来暴れる場所ではありません。

小型犬の場合は、多少狭い部屋でも走りまわることがありますが、あまりに激しい場合は、落ち着けないなにかしらの誘惑や不安などのストレス要因があるかもしれないので、居場所の配置は適切か、また騒音・振動がないかチェックが必要です。

また、運動不足や退屈、欲求不満も考えられます。とくに噛む・

爪をとぐなどは犬や猫の正常な行動欲求が満たされていない可能性があります。

爪とぎや噛むオモチャも、それぞれ好みがあり、とくに猫の爪とぎの場所は「猫にとって必要な」ポイントになくてはいけません。「困った場所での爪とぎ」や「壁や家具をかじる・掘る」という行動は、「与えられているものより、家具や壁のほうが手ごろだった」「印を付ける必要がある場所だった」という習性に伴う行為なのです。

さらに、爪とぎや噛むオモチャと、家具や室内仕上げが似ていると、同じものだと思ってしまいますので、まぎらわしくない素材にする必要があります。

ワンワン吠え続けるのは……

犬がなにかを要求して人に吠え続けるのは、人がちゃんとリーダーシップをとれていないときにおこりやすくなりますが、不安や警戒、興奮などの異常事態を訴えている場合にも多く見られるので、住環境にそうした原因がないか探る必要があります。

玄関などの出入り口は、侵入者が入ってくる場所、また道路は、不審な人影が見え隠れする場所です。そうした場所のそばに犬の居場所を設置することは、「家族に侵入者を知らせる義務」を与えるのと同じです。何者かの気配を感じれば、臆病なコやテリトリー意識の高いコならば吠えて撃退しようとします。また、警戒心だけでなく退屈であることの訴えとして吠えることがあります。退屈させない生活での工夫も必要です。

トイレを失敗してしまうのは……

犬・猫に共通するのは、粗相している（と人が思っている）場所と比べて、トイレとして人が用意したものに、排泄場所としての魅力がないからです。トイレとしてわかりにくい、設置された場所が

落ち着かない、入りにくいなど使い勝手がわるいことです。また、汚れていたり、足触りが好みでない場合も使われません。猫はとくに頭数分のトイレが必要ですし、トイレの位置が近すぎると使わないこともあります。

家の中がにおうのは……

においは、汚染状態を示しています。部屋がにおうのであれば、それはその部屋の空気環境がわるいということです。汚染箇所がないか、通風・換気が効率よく行われているか、確認が必要です。

犬や猫がくさいのは……

健康と衛生状態がよくない可能性があります。猫に体臭はありませんが、犬はある程度もっています。定期的なシャンプーやブラッシングで皮膚を清潔に保つようにしないといけません。さらに、体の免疫力が落ちていると、体臭はきつくなります。食べ物で免疫力を上げるだけでなく、呼吸に必要な室内の空気も新鮮で衛生的なものにしておく必要があります。

これだけは知っておきたい、犬や猫と共にくらす住まいのポイント

　具体的に、どのようなことを考えなくてはならないか説明します。

　私は犬や猫とくらす住まいには、6つの重要なポイントがあると思っています。それは次の通りです。

　居場所の確保と制限、収納スペースの確保、掃除のしやすさ、空気環境の維持、防御だけでなく満足も与える。

　それに加えて、最近は「高齢化対策」も仔犬や仔猫が家にやってきたときから考えておくことを勧めています。

　では、順番に考えてみましょう。

1. 犬や猫の「居場所の確保と制限」をすること

「場所」にしっかりメリハリをもたせる!

　まず、入っていい場所といけない場所を、ドアや段差などで明確に区別できるようにしておきましょう。

人が合図を出すタイミングもよくなり、犬や猫に「その場所」と「行動」「合図」の関連性が理解しやすくなります。

　犬や猫に危険や衛生上の理由から入らせないほうが望ましい場所は次の通りです。

- **キッチン**……刃物や火などの危険物や、犬や猫が食べてはいけない食べ物があります。
- **風呂場**……シャンプーなどの洗剤類は犬や猫が口にすると危険です。湯をためた浴槽に落ちる事故もあります。
- **寝室**……衛生上の問題のほかに、犬の場合はベッドを一緒にしてしまうと、飼い主への依存性が高くなったりなど精神面での問題がおこりやすくなります。
- **和室**……使われている建材ににおいが吸着しやすいものが多く、また畳は傷付きやすく編み目で微生物が繁殖しやすいので、極力入らせないようにします。

　犬の場合、家の中で場所のメリハリを有効活用してトレーニングすると、家の外に出ても応用して判断をしてくれるようになります。たとえば、「扉や段差のある場所ではいったん立ち止まってオスワリし、人に確認する」と覚えていると、お店などの入り口や道路の段差でちゃんとオスワリして「前に進んでいい？」と尋ねることができるようになります。

「居場所を制限」する！

　これは、とくに犬にとって非常に重要です。家の中で自由に歩かせてあげることがストレス軽減につながると考えている飼い主が多いのですが、それは誤解です。自由すぎてもストレスを与えることになるのです。

　犬は、自由を与えられた場所を「テリトリー」と考えます。それは同時に「テリトリーの中を管理する」という責任と義務も与えら

れてしまうことになるのです。管理義務ができたその場所にあるものは、すべて触ったり噛んだりして、それがなにかを把握しなくては安心できません。自分の許可なく入ってくる者は、たとえ家族の大切なお客様であっても犬にはただの侵入者です。吠えて家族に警戒するように訴えます。人がリーダーシップをとれていないと、自分で侵入者を撃退しようとしたり、よく吠える犬になってしまいます。

　そうした騒ぎは、犬の「管理責任スペース」を減らしてあげることでかなり解消します。玄関に通じる廊下も勝手に歩かせないことにして、たとえばリビングだけを自由に歩きまわれる場所にします。

　あわせて、犬のベッドなどの居場所のまわりをサークルという柵で囲い、個室のような意味合いを与えてあげると、リビングに入ってきた「侵入者」も、家族の許しを得て入ってきた人であれば反応せず、自分のサークルに入ってきたときだけ気にすればいいということになります。責任の負担をより減らしてあげることができるのです。

とくに仔犬にとっては「寝る場所」と「食べる場所」以外はすべてトイレになります。そして、人の赤ちゃんと同じで、触れるものは全部口に入れて確認しようとします。ですから、「トイレシート」が「用を足す場所」であることや、乳歯が生え替わり、「遊んでいいオモチャ」と「触ってはいけないもの」の区別が覚えられるまでは、ひとりのときはサークル内ですごさせることが失敗を減らすコツです。子どものころにたくさんほめることが、穏やかで理解力や応用力のある子に成長させるのは、人も犬や猫も同じです。

　サークルはトレーニング方法によって広さが変わってきます。ハウスとよばれる屋根付きのベッドと、トイレトレー（トイレシートを置く場所）、そして寝そべって少しばかりオモチャ遊びができる程度のスペースがあることが、サークルの大きさの一つの目安です。サークル内は、犬は「かじる」「掘る」など、犬らしい「ありのまま」が許される環境にしておきましょう。

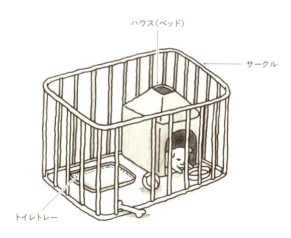

サークルは犬にとっての「セミプライベートスペース」

1章　犬・猫をよいコに育てる住まいのつくり方

またトイレトレーニング中にはハウスからトイレをできるだけ離してあげますが、トイレのサークルを別にするなどの方法もあります。

安心で快適な「隠れ家スペース」を与えてあげる！

　制限するだけでなく、犬や猫に安心で快適な場所を与えてあげることが重要です。

　穏やかで友好的な性格を養うとか、家庭内の学習の効率を高くするための住まいのアプローチの方法としては、箱状の寝床のハウスなどといった、犬や猫の安心を確保できる隠れ家を用意してあげることです。ハウスは、なにか心の動揺があったとき、逃げ込んでひとりで冷静になるための「隠れ家スペース」です。人がつらいことや怖いことがあったとき、布団の中にもぐるのと一緒です。知らない人が来たり、不審な物音がしたときでも、騒ぐ前にとりあえずここに引きこもれば落ち着ける、安心できるスペースです。ハウスはもぐり込むようにして入る、動物が本能的に隠れ家に選びやすい形状です。

隠れ家機能を効果的にする

　しつけに苦労している家庭では、隠れ家が十分に機能していない可能性があります。ハウスなど居場所を与えているにもかかわらず、あまりそこに落ち着いていないとか、ビックリしやすいという様子があれば、その隠れ家が、安全に引きこもれる状態なのかどうか、確認してみる必要がありそうですね。

　たとえば、ハウスがリビングの中にポンと置かれている状態などがそうです。ハウスの入り口の目の前を、人が頻繁に動きまわるような通路状態にあるなら、ハウスは隠れ家としてまったく機能していない可能性があります。

小型犬や猫にとって、人はかなり大きな動物です。鼻先を人が大股でバタバタ通る状態になっている場合、少しばかり繊細な性格なら落ち着かないでしょう。緊張を解き安心して脱力するために大切なのは、隠れ家の周辺に「間」をとること、と私は考えています。この場合の間とは空間と言いきってもいいかもしれません。

隠れ家のまわりに上手に間をとる

　隠れ家になるハウスのまわりには、少し落ち着ける空間が取り巻いている状態であるのが望ましいのです。ハウスを取り巻く空間は、家族との生活空間との接点になります。空間の大きさは、そのコの体の大きさはもちろん、性格によっても違います。広すぎても狭くても空間がないのと同じになってしまいますので、検討は必要になりますが、犬や猫の視点に立って見てみると、判断しやすくなります。立体的に空間を活用できる猫にはサークルなどを使うことは少ないです。それは間を高さでも工夫できるからです。猫の場合は、それが立体的になってくるだけで、基本的に構成は同じです。

　犬では、ハウスの入り口の方向を変えてあげることでも、隠れ家と家族の活動空間に間が生まれます。

　先に、犬のハウスは、さらにサークルで囲うことを提案しましたが、それは、トレーニングに使うだけでなく、ハウスとリビングとのあいだに適度な空間を設けるための、手っ取り早い対処にもなっているわけです。サークルの大きさは、単にトイレや食事などができるというサイズだけで判断するのではなく、ハウスの周辺に「間」がとれるかといった観点からも見てあげると、ハウスの快適性を高める手助けにもなります。

隠れ家を取り巻く「間」でエリア分けができる

　隠れ家を取り巻く「間」の使い方は、その室内全体のエリア分けを犬や猫の視点で見てみるとわかりやすいでしょう。

　犬のハウスが置かれた部屋の状態を例にして見ていきましょう。多くの方が、リビングの一角や隣接するようにハウスを置かれるようです。ハウスの外にサークル、サークルの外がリビングといった状態ではないでしょうか。これを使い手としての犬の立場から見ると、空間は3つのエリアに分けられます。

　まず、中心のハウスは不安や動揺があれば自ら逃げ込む隠れ家、「プライベート」エリアになります。脱力していても安心なリラックスの場所です。

　全体空間となるリビングは、「パブリック」エリアです。家の中であっても、犬や猫にとって（人にとってもですが）自分の個室以外は、実際はパブリックなのです。とくにリビングは、自分のものではないモノが置いてあるし、自分にはまったく関係のない知らない人が出入りすることもあります。人の都合によるルールが優先され、「やってはいけない」決まりごとの多い場所です。家族が集う楽しい場所であるのと同時に、少しばかり緊張する場所です。

　プライベートとパブリックとのあいだにあるのが、「セミ・プラ

プライベート
セミ・プライベート
パブリック

イベート」エリアです。隠れ家のまわりを緩衝地帯のように取り巻く層のような空間を、私は「警戒と勇気のスペース」ともよんでいます。

そこは、次のような使い方がされています。

来客などで、犬や猫が不安や動揺から隠れ家に逃げ込んだら、すぐに出てくることはありません。少したって落ち着いてきたら、ちょっと様子を見るために出てきます。ただ、警戒しながらなので、隠れ家にすぐに戻れるところまでです。様子がわかって勇気がわいてくると、パブリックな場所に出てみたくなります。こういった段階を踏めると、来客や新しいモノといった未知の相手にも前向きになる手助けになっていくでしょう。

また、隠れているときに近寄ってくる誰かがいても、セミ・プライベートエリアに踏み込んでこないならば、過剰に反応しなくてもすむことになります。隠れ家の安心感を強くしてあげる機能も、このエリアにはあるのです。

ですから、家族はそのコが隠れ家に入っているときには、自分のペースで物事に向き合えるよう、そっとしておいてください。落ち着いて自分から出てくるのを待つ時間は、人にも、落ち着いて対処する余裕を与えてくれます。人も犬や猫も、興奮や緊張をゆるめることができるわけです。

緊張とリラックスがバランスよく家庭に存在することは、大切です。家の中で人と犬・猫の生活空間を、意識的に段階分けしてみることは、バランスをよくする一つの方策になります。

犬のサークルは無防備になって落ち着くための場所、配置は重要！

家族から孤立させないよう、リビングなど家族の集まる場所の一角にサークルを確保しましょう。

屋外飼育の場合であるなら、ハウスからリビングが見えるように、置き場所をインナーテラス状にするなど、リビングとの関連性をもてるようにします。

直射日光があたる窓辺の床は、夏場では40℃以上になることがあります。また、一日の寒暖の差が激しい場所でもあるので窓の近くに置くことはさけます。さらに外部の気配が感じられる場所、玄関付近や出入り口のそば、室内でもオーディオ製品や電話機の近くはさけましょう。

また罰や閉じ込めるためにサークルやハウスを利用しないでください。犬がサークル内を「安全な（好きな）場所」ではなく、「閉じ込められる（嫌いな）場所」だと思うようになってしまいます。

猫は「空間の質」が重要！

都心では交通事故や、猫だけに発症する FIV（いわゆる猫エイズウイルス）や FeLV（猫白血病ウイルス）などの不治の伝染病、菜園や植え込みを歩いて体に付いた農薬を舐めることによる薬物中毒などの危険から守るために、猫の「完全室内飼育」が推奨されてい

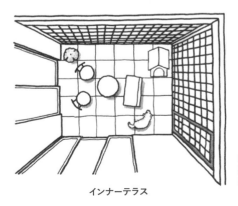

直射日光をさけるため
庇を設け、床には照り返しの
少ない床材を

インナーテラス

ます。

　猫の「完全室内飼育」とは、家からは自由に出さない、という飼育方法です。家の中がその猫の縄張りとなれば、猫は別に家の外に縄張りの監視に出て行く必要はありません。猫は平面でくらす生きものではないので、完全室内飼育でも立体的に運動ができるような工夫で十分快適にくらすことができます。部屋数は、「飼育頭数プラス1」部屋以上が必要です。運動不足からの肥満の防止やストレス解消ができる楽しい工夫をしましょう。

2. 住みやすさにかかわる「収納スペースの確保」

壊される前に触らせないこと

　「居場所の制限」で説明したように、犬や猫にとって触れるものはすべてオモチャとなります。遊ばれて困るようなものは、壊される前に触れないようにしておくほうが賢明です。

　また犬は、カウンターやテーブルの上に置いたものでも、尻尾による叩き落としをすることがあります。尾を振るのは意思の疎通や

感情表現をおこなううえで必要な行動なので責めるわけにはいきません。とくにレトリーバーなどの「オッターテイル」といわれる芯の太い尻尾は力強く、少々大きいものでも倒してしまいます。カウンター収納などを備える場合は、カウンターの高さを犬の頭より高めにしておくと、棚の上に飾ったものも安全です。

犬・猫アイテムの収納スペースも必要

　たとえば、犬のジャケットなどの楽しいファッションアイテムですが、楽しいだけではなく、公共スペースでの犬のジャケット着用は抜け毛防止にも役立ちます。かれらの衣装棚も確保しておきましょう。

　また犬の場合、オモチャも人が管理することが大切です。「評判がいいというオモチャでも、すぐにあきちゃってダメ」なのは、出しっぱなしにしておいたことが原因です。一番大好きなオモチャは、特別なときに与えるというのもひとりで上手にすごさせるためのコツです。留守番や静かにしている必要があるときにそのオモチャを与えると、おとなしく、かつ、楽しくすごせるのです。ですから、オモチャの収納スペースを忘れないようにしてください。

　フードの収納に関しては、とくにドライフードは酸化が大敵です。開封すればにおいもしますし、傷まないよう冷所に保管できるようにしておきたいものです。

　フード以外の収納でも、オモチャや衣類はにおいをためないために余裕のスペースが必要です。収納スペースは、考えているものより1〜2割多めに確保しましょう。

3.「掃除のしやすさ」は大事

　「1. 犬や猫の『居場所の確保と制限』をすること」の項目で説明

した「自由に歩ける場所」では、とくに拭き掃除がしやすいようにしておきましょう。においや汚れは目地に残りやすいので、床材などを目地が少ないものにすることもコツです。

ヨダレや吐き戻し対策

犬は興奮するとヨダレが出ますが、とくに大型犬で口角がたれている犬種は、普段から床にシミが付きやすくなります。ブルブルと体を振るのは生理現象ですが、その拍子に壁周辺にも飛んでしまうことが考えられます。廊下などの狭い場所は犬や猫の胴体のこすり汚れも付きやすいので、床も含めて人の腰の高さまでは水拭きができるようにしておくと便利です。

猫には吐き戻しという飲み込んだ毛玉を吐く生理現象がありますが、それだけではなく食べすぎなどで吐くのは犬も猫も同じです。また、犬は舌の構造の関係で水飲みがあまり上手ではないので、水皿のまわりは濡れてしまいます。水拭きができなくとも、洗うことができる、取り替え可能なパーツ状のカーペットなどもお勧めです。すべり防止や毛の飛び散りの防止にも効果的です。

はみ出してます

ハウスダスト対策

　フローリングや石・タイルなどの平滑な床は、毛・ホコリなどのハウスダストも飛散しやすい場所となります。全速力で走れるような真っすぐな廊下、広めで遊べるぐらいのリビングなどでは、ラグなどの敷物を併用すると、怪我予防とハウスダストの飛散防止になります。

　猫アレルギーというのがペットアレルギーの代表格ですが、猫は体を舐めるという性質上、唾液に含まれるタンパク質を体表に付けて歩いています。主にその中の「Fel d1」というタンパク質がアレルゲンになりますが、このアレルゲンとの接触率が高いと、猫アレルギーになりやすくなります。飼い主が猫アレルギーになるのを防ぐために、猫が活動している場所は頻繁に掃除をする必要があります。猫のアスレチックをつくるときなどはとくに、アスレチック周辺の掃除がしやすいようにしておきましょう。

　そのほか、家具の裏側は、湿気やハウスダストがたまりやすく、室内環境の汚染源になりやすいため、置き家具を減らすことも重要です。

4.「空気環境の維持」は人にも犬や猫の健康にも影響大!

　犬や猫と快適にくらすためには、空気の流動性と室内の湿度を調整することが、においの定着を防ぐためにも重要です。湿度が高すぎるとカビやダニが繁殖します。さらに、犬も猫も比較的乾燥した地域で発達した生きものなので、一般的に湿気は苦手です。

　だからといって、過乾燥も危険です。人だけでなく犬や猫も皮膚が乾燥すると免疫力が落ちてきます。そして、湿度が30%以下になると、犬にとって危険なパルボウイルスや風邪のウイルスの活動が活発になります。

　また乾燥した空気は静電気がおきやすく、「ハウスダスト」と組み合わさってさらに悪化します。たばこの煙や花粉、そしてハウスダストは静電気を帯びやすく、室内にこびりついて汚れとなるのですが、同じように体にも付きやすくなります。体を覆った毛も静電気を帯び、毛にハウスダストを引き寄せやすい状態になってしまいます。乾燥で免疫力も下がっている肌に、さらにアレルゲンとなるハウスダストがこびりつけば、そこから炎症をおこしてしまうのです。

　空気が乾燥している状態は、呼吸する犬や猫にとっても危険な要因です。ブルドッグやパグに代表される鼻の短い犬種は短頭種とよばれ、気管が短くノドを痛めやすいので要注意です。

マズルの形状

基本的な鼻

短頭（例：ブルドック）

1章　犬・猫をよいコに育てる住まいのつくり方

それらを解決する方法の一つとして、建材では、漆喰や珪藻土などに代表される、湿度を調節する「調湿建材」といわれるものを活用するといいでしょう。

5. 犬や猫に困らせられないために 「防御だけでなく、満足も与える」

犬の穴掘り

　吠える・かじる・掘る、という犬の行動は、たいてい、退屈からきています。そもそも、犬には穴を掘るのが大好きなコが多いものです。テリア系やビーグルなど小型猟犬に分類される犬種にはその傾向が強く見られます。「掘りたい」という欲求が十分に満たされていないと、室内の床をなにかのきっかけで掘ってしまうことがあります。庭があれば、庭に思いっきり穴掘りができる場所をつくってみてはどうでしょう。トレーニングの一つでもある宝探しゲームなどの楽しい遊び方ができます。

猫の爪とぎ

　猫が壁で爪をとぐのを防ぐためには、硬い仕上げ（タイルなど）にするか、クロスや板材で仕上げるのであれば、表面がツルツルする爪の引っかかりが少ないタイプを選ぶようにします。しかし、爪とぎには古い爪を剥がして新しい爪を出すという理由のほかに、テリトリーへのマーキング（におい付け）や、爪の刺激によるリフレッシュ効果などがあるので、やめさせることはできません。

　けれど、爪とぎを上手に誘導してあげることは可能です。ただ、猫にとってマーキングすべき場所があるので、その位置にお気に入りの爪とぎ器を用意してあげましょう。一般には部屋の出入り口や

目立つ角や柱の近くです。そのほかのお気に入り爪とぎポイントは、それぞれの猫の様子を見ながら見つけてあげてください。

6. 考えておきたい「高齢化対策」

　犬や猫は齢をとってもいつまでも可愛いのでうっかりしがちですが、老化は驚くほど早くやってきます。犬も猫も食事は7歳ごろから高齢向けに切り替えますが、そのころから聴力や視力だけでなく体力も落ちてきます。

　以前は上がれた棚や段差が上がれない。小さな音が聞きとれなくなり、急に大きな音が聞こえるような感覚が増えて驚きやすくなったり、夜鳴きが増えるなど。頑固になったりするのも人間と同じです。老化で体温調節がしにくいこと。排泄に失敗するようになり、目が離せなくなること。それらを考え合わせると、静かで安心して休め、孤立感のない、人の目が届きやすい場所が居場所として最適なのは、仔犬・仔猫のときと同じです。

　齢をとったからと急に居場所を変えたりするのは逆に負担になります。仔犬・仔猫のときから齢をとったときのことも考えて居場所の配置をし、リフォームや配置替えは早めに考えなければなりません。

老化の入り口となる年齢

人	40歳
小型犬	7歳
大型犬	5歳
猫	7歳

コラム 01

住まいにおける犬や猫の生活範囲の考え方

犬や猫が自由に動きまわれる生活範囲は、
家族がどういったしつけをするかなど、くらしの考え方によって設定します。
それらを大きく分けると、生活範囲は「リビングなどに限定する」
「家中を自由にさせる」「夜間だけ室内に入れる」という
3タイプが考えられます。

リビングなどに限定するタイプ

　家族の集まるところを活動場所にします。その他の場所への出入りは、人の目がある時のみです。一般的にはリビングの一角に専用スペース（犬はサークル）を設けます。犬の場合は、しつけにおいて居場所を限定するのは重要なことですから、このタイプが基本となります。

　とくにトイレや基本ルールを覚え終わるまで、または留守番時間が長い場合などは生活範囲を限定しておきましょう。また、窓際は寒暖の差が激しいことと、外部の音が「不審者」を感じさせて落ち着かないので、ハウスやサークルは窓からできるだけ離します。さらに、犬や猫の手足が届く場所にものを放置してはいけません。収納の場所が多めに必要となることに留意しておきましょう。

家中を自由にさせるタイプ

　安全としつけ上、出入りさせたくない場所（危険な場所や寝室など）以外は自由に活動させるタイプ。猫はほとんどがこのパターンでしょう。

　ただ、行ける場所・遊べる場所はすべて、犬や猫にとってはなにをしてもいい場所となり、触れるものはすべてオモチャになりますから、歩く場所すべてに「傷・汚れ」の防止対策の必要が生じる可能性があります。

　とくに犬には「ハウス」「食事場所」以外はすべてトイレとなることも知っておきましょう。仔犬や、しつけが終わっていない時期にこのタイプを採用する場合、「イタズラ」防止のために、自由に歩ける範囲にはものを置かない・かじりやすいものを配置しないなどの工夫も必要になります。

夜だけ室内に入れるタイプ

犬の場合に適用できるタイプですが、日中は庭などの戸外で生活させ、夜間は室内で休ませるものです。庭での居場所も、家族と隔離されずにすむようなリビングの近くなど、人の気配を感じることができる場所が理想的です。

また、汚れの対策から、室内での専用スペースは土間にするなどして、屋外と同じ仕上げにすると便利でしょう。

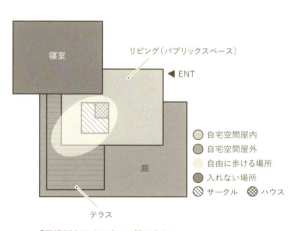

「居場所をリビングの一部にする」
生活空間の配置の考え方

2章

犬や猫との
くらしでおさえておきたい
住まいの工夫

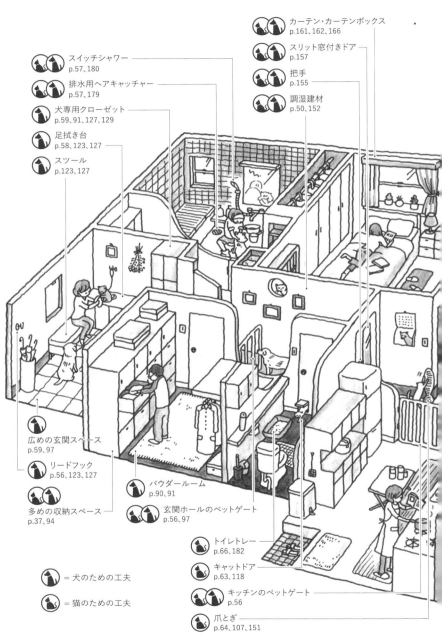

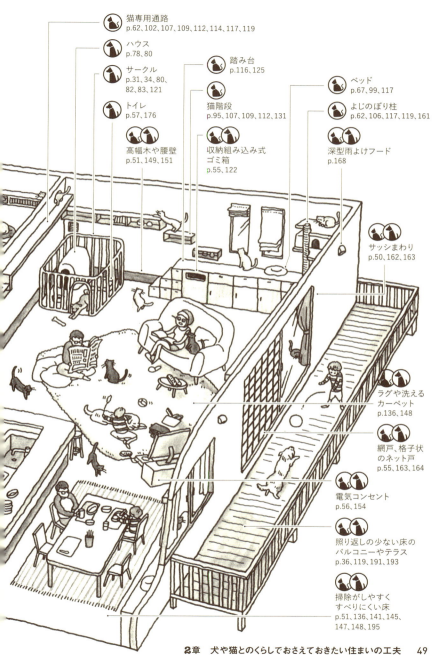

愛犬とくらす

1. 愛犬に困った！をなくそう

騒音対策

　吠え声の隣家に対する配慮だけでなく、外部の騒音を犬が「不審者」と勘違いする要因となることからも、窓には遮音対策を考えるべきです。

　隣家や道路に近接した窓は、T1 等級（約 25dB の遮音性能）以上の防音サッシがよいでしょう。

　室内側から取り付けできるインナーサッシなど、既存のサッシに断熱や遮音の機能を付加できるアイテムもあります。大がかりな工事とならずに便利でしょう。

　吠え声の大きさは体の大きさには関係がなく、小型犬でもダックスフンドなどのハウンド系はとくに声が大きいため、室内で無駄に響いて人の負担になることがあります。そういったときには、室内の壁や天井に吸音効果のある素材を取り入れると安心です。また、カーテンなどでも遮音性のあるものを取り入れれば、近所への音漏れを軽減できます。

におい対策

　通風換気がもっとも重要です。とくにトイレの配置は、室内の空気の流れの最終地点としましょう。配置によ

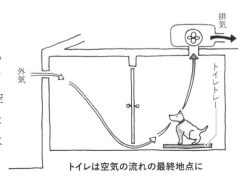

トイレは空気の流れの最終地点に

っては換気扇の設置を考える必要があります。

また抜け毛は、乾燥による静電気や湿気の多さによって壁やすき間に定着しやすく、これもにおいの原因になります。掃除のしやすさとともに、防臭性・調湿性のある壁材の採用も有効です。

汚れ・傷対策

成犬では、とくに壁への汚損の配慮はあまり重要ではありませんが、トレーニング前や1歳半以下の仔犬では、床や壁、建具などを汚したり傷付けたりすることがよくあります。建具枠は硬質な素材を選択するほか、壁仕上げ材は人の腰の高さもしくは犬の体の高さで上下に張り分け、下部のみの張り替えをおこないやすくしておきます。犬の体の高さ部分は日常の拭き掃除の頻度が高くなるので、摩擦に強いものとするのが望ましいでしょう。

ハウスダストとにおいは「床材の目地」「部屋の入り隅」に残りやすいものです。においの定着は、トイレの失敗やその場所を掘るなどのトラブルも誘発するので、防汚措置をしてすぐに

腰壁

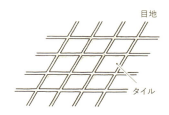

タイルの目地

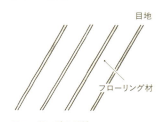

フローリングの目地

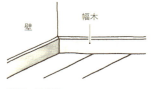

部屋の入り隅

対処できるようにしておくことが、傷を防止することにもつながります。

2. おウチの中でできる工夫

冷暖房

犬や猫は汗腺が人と違って発達していないので、暑いときは口で呼吸したり腹部を冷所に密着させることで体温を下げようとします。とくに犬は暑さに弱いため、風通しをよくし、床を部分的にタイルなどの冷たい素材で仕上げることも有効です。

さらに、留守番をさせる場合は、夏などは熱中症などの予防のために冷房設備が必須となります。ただし、過度に依存すると体力の

低下を誘うので、冷房設備はあくまでも二次的な対処と考えるべきでしょう。また、エアコンの風がハウスまわりに直接吹き付けないようにしましょう。

　暖房は空気を汚さず火傷の心配も少ないオイルヒーターなどの輻射熱式がお勧めです。

　床暖房も冬季の熱中症の原因となるので、ハウスなど寝床の下はさけて取り付けるようにします。

床

　フローリングやタイルなどで硬質なタイプのものは、すべりによる脱臼のおそれだけでなく、ダックスフンドやウェルシュ・コーギーなどの胴長の種類にとっては、腰への負担も否めません。クッション性があるものが健康上は好ましいといえます。

　防滑性のあるタイルの使用や、硬質フローリングにすべり止めのコーティングをする方法などもありますが、取り外せて洗えるタイルカーペットを組み合わせると、においに対処でき、しつけもメンテナンスもおこないやすくなります。

カーペットの場合、狼爪（ろうそう）とよばれる爪を引っかけて怪我をすることもあるので、カットパイルやループパイルならば目の詰まったタイプを選びましょう。

階段・段差

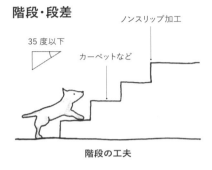

階段の工夫

小型犬や高齢犬では、段差での骨折や脱臼の事故が少なくありません。小型犬では、上り下りの際に胴の屈伸運動が必要となり背骨に負担がかかります。ダックスフンドなど胴長の犬では、重篤な状態になりやすいので、とくに注意が必要です。ほかの犬種一般においても階段の下りは前傾姿勢により足腰に大きな負担がかかります。犬の目には階段の下りは傾斜の強い坂のように見えてしまうため、階段や段差を普段難なく上り下りしているようでも、実はかなりの恐怖を感じているのです。

階段は、階上に寝室がある場合などは、立ち入り禁止などのしつけと組み合わせて、できるだけ使わせないようにするのが基本です。

どうしても使わざるを得ない場合は、直階段の形状をさけ、勾配は35度以下にゆるくします。ただし、犬種によって適した段差が異なるので、可能ならばスロープなどを併設するとよいでしょう。蹴込み板がないス

直階段やストリップ階段はさけましょう

トリップ階段などは恐怖感を与えるのでさけるべきです。

踏面にカーペットなどを敷いてクッション性をもたせたり、すべり止めの対処をするだけでなく、段鼻にもノンスリップ加工などの配慮をするとより安心です。

靴摺り程度の小さな段差につまずきやすいのは人と同じなので、段差を設ける場合は、ある程度の高さをもたせたほうが、しつけと組み合わせやすくもなり、よいでしょう。

開き戸

出入りをさせたくない場所に通じるドアを内開きにしたり、ドアの把手を握り玉にするなど、犬が自力で開けられない対策をします。ハンドレバーではプッシュ・プル式ならば、プル（引く）側は犬は自力では開けにくくなります。

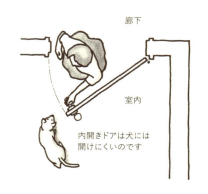
内開きドアは犬には開けにくいのです

網戸

フィラリア（蚊が媒介）予防のためにも網戸は必須です。

しかし犬には網戸が見えにくく、突っ込んで破ってしまうこともあります。そこで、掃き出し窓などはその手前にゲートを付けるなど、突進できないような配慮が必要になる場合があります。

ゴミ箱

ゴミ箱の中身で遊んであたりを散らかすだけでなく、口に入れることによる中毒や事故も多く発生しています。手の届かない場所に置くか、ゴミ箱も造り付け収納に組み込むと、勝手にいじれなくな

り、安全です。

電気コード・コンセント

　電気コードをかじったり引っ張ったりすることによる感電事故にも考慮したいものです。単に高い位置にコンセントを付けるのではなく、使用目的や場所によって位置を考慮し、コードが目に付かないように、またコードは動かないように固定するなどの配慮をしましょう。市販のコンセントイタズラ防止カバーや、OAコードカバーなどで保護する方法もあります。

ペットゲート

　玄関ホールやキッチンなど、出入りを制限したい所にあると便利です。桟が床と平行（ヨコ桟）だと、犬や猫がそれを足がかりにして上ってしまうので、基本的に桟は床と垂直（タテ桟）とします。また、ヨコ桟や格子状では小型犬が首を挟み込む事故もおきているので、すき間は頭が入らない程度の寸法にします。

リードフック

　出入り口のドア付近や足洗い場、駐車場にリードを一時的に引っかけておくフック。両手を使いたいときに便利です。

　大型犬では、床に丸環フックを付けるスタイルもあります。

汚物流し

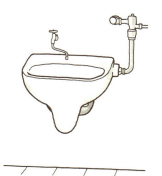

散歩で排泄物を持ち帰ったときや、トイレトレーからトイレが遠い場合に便利です。トイレに流せない袋などを処分する密閉式の汚物用ゴミ入れも必要です。

トイレ

トイレトレーはできるだけ段差や板状の囲いがないようにします。囲われていると寝床とまちがえてしまってトイレだと認識しづらくなります。入るときに真っすぐ入れなかったり、鼻が壁に当たったりすると使ってくれないので、棚下などを利用するときには注意が必要です。

グルーミングの設備

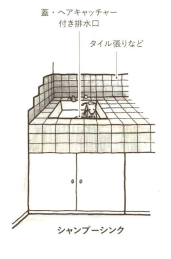

蓋・ヘアキャッチャー付き排水口
タイル張りなど
シャンプーシンク

犬のシャンプーは、室内では浴室でおこなわれるのが一般的ですが、シャンプーシンクなど人が立って作業ができる設備を付けると楽になります。シンクの排水口は目皿だけでなく、湯をためられるように蓋付きにすることが望ましく、ヘアキャッチャーも必要です。サーモスタット付きシャワーヘッドで、手元で水の出・止めの切り替えをコントロールできる「スイッチシャワー」が便利です。

シャンプー後には体を震わせて水を周囲に飛び散らせたり、ドライヤーで乾かすときの毛が飛び散ったりするので、シンク周辺はタイルなど拭き掃除が可能な仕上げとしておきましょう。

足拭き場・足洗い場

散歩から戻ってきたときなどの正しい犬の「手洗い」は、日常は固く絞ったタオルでていねいに拭いてあげることで十分です。

しかし、庭での穴掘り遊びや草むらを歩いたときなどは、寄生虫の持ち込みが心配なので、水洗いの必要があります。その場合は35℃程度のぬるま湯を使います。そして、足の指の股に湿気を残さないように手早く乾燥させなければなりません。

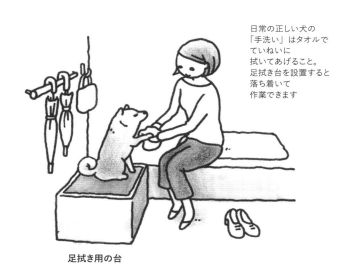

日常の正しい犬の「手洗い」はタオルでていねいに拭いてあげること。足拭き台を設置すると落ち着いて作業できます

足拭き用の台

したがって、「足拭き場」「足洗い場」は勝手口、玄関、リビング前など動線上便利な場所に置きましょう。人がゆっくり落ち着いて犬の足をメンテナンスできるよう、犬をのせる足拭き用の台を設置するか、人が腰を下ろすことのできるスツールを配置します。

台にのせるのがむずかしい中型犬以上や、また小型犬でもあまり暴れる犬であれば、できるだけ人が腰を下ろして作業できるように計画します。台にはすべり止めも付けるとより安全になります。

玄関まわり収納

花粉症に悩まされている家庭では、家に花粉を持ち込まない工夫が大切です。

犬・猫の花粉症では、お尻や口・目まわりの毛の薄い部分の炎症が多く見られます。対策としては食事制限だけでなく、室内に入る前にふんわり体を払うことです。外出にはジャケットを着用するとよいようです。外出から戻ったら、入り口で花粉をつぶさないようジャケットをそっと脱がます。叩かず、触らず洗濯してしまうのが安心なので、ランドリーボックスがあると便利です。玄関や勝手口まわりには、足拭き用だけでなく、ブラシやランドリーボックス用の収納があると健康管理にも便利です。

境界塀・門扉・カーゲートなど

道路境界の塀などで、子どもが犬に興味をもって手を差し入れかねない場所では、咬傷事故の危険性があるためフェンスなら目の細かいものを選びます。

フェンスの下端のすき間が大きいと、小型犬はすり抜けてしまうので、そのあたりも注意しましょう。カーゲートも同じで、下端にペット用足元カバーが付いているものが安全です。

犬はよじのぼることもできるので、大型犬ではフェンスにある程

度の高さや強度が必要となります。門扉はサムターン錠付きとし、犬が自分で開けられないようにします。

庭

　敷地にゆとりがある場合は、庭をちょっとした運動スペースにできます。とくに穴掘りが好きな犬では、穴を掘って遊べるスペースを庭に確保するのが望ましいでしょう。

　また日射しの照り返しによる室内温度の上昇をできるだけおさえるために、庭の緑化やウッドデッキの設置は効果があります。

猫は出窓で外を眺めたり
日向ぼっこをするのが大好き

愛猫とくらす

1. 愛猫を完全室内飼育でも退屈させない!

空間の質を高める立体的工夫

「完全室内飼育」は、単独生活者で縄張り意識が高く、テリトリー内から出てほかの猫と出会うことを好まない性質のある猫には、意外と受け入れやすい生活です。しかし、とくに運動不足とストレス解消のため、「空間の質」を充実させる必要があります。猫は室内を上下に移動する生きものなので、室内を立体的に活用させることで運動不足と退屈を防ぐことができます。

猫アスレチック

　猫は、立体的に空間を楽しみ、室内でも見晴らしのいい場所に上がり、のんびり家族や部屋の中、そして外を眺めるのが大好きです。猫は待ち伏せの狩りをする捕食動物ですが、小型動物であり捕食される立場でもありました。捕食者から隠れ、安全を確保するのにも高い場所に上がることは理にかなっていました。こういった性質が残っているので、とくに襲われる心配がない室内でも、あたりの様子が把握できるような、少し高い場所から見下ろせることは猫にとって安心なのです。

　猫は瞬発力と跳躍力に長けているので、1.5m以上（体高の5倍程度）の所に飛び上がることができます。冷蔵庫や食器棚などの人の背ほどの高い場所にも楽々と上がっていきます。また、それだけ運動量もあります。とくに、サイアミーズに代表されるような、顔が逆三角形の猫は俊敏で、運動量が多いので要注意です。

　猫たちのパワーを上手に発散させるように人が環境を整備しないと、猫は勝手に行動空間を自分に都合のいいように開発していきます。襖やカーテンをよじのぼったり、ソファーに穴を掘ったりというのは、猫自身での足場づくりや隠れ家づくりといった環境開発なのです。勝手な開発をしてほしくなければ、先に人の都合のよいように環境を整えて誘導してあげるとよいのです。

　ただ、勘違いしてはいけないのが、猫は木のぼりがうまいわけではないということです。前足の構造からよじのぼるのは得意ですが、垂直に降りることは苦手なのです。よじのぼり遊びをしても、安全に降りられるスロープや段状の道（ステップ）を用意してあげましょう。立体的な運動のために、猫用階段や通路などを工夫したものを、私は「猫アスレチック」とよんでいます。

　猫アスレチックは造り付けにして用いてもよいのですが、退屈さ

の防止には、多少の模様替えが必要です。そのため、移動できる箱型の家具を階段のように用いたり、市販の移動可能なキャットタワーを造り付けのものと合わせて活用するなど、形や位置の自由度を残すほうがよいでしょう。

　家具の組み合わせで簡単につくれますし、家族ごとの個性が出せる楽しい仕組みです。猫アスレチックは運動だけでなく、実は、家族とのかかわりを潤滑にする仕組みとしても活用できます。家族とは、人はもちろん、犬もそうですし、猫同士のことでもあります。

　市販のキャットタワーなどを利用する場合、家具として市販されているものは適度な高さでよいのですが、固定が不十分でグラついていると、危険ですし気持ちわるがってのらなくなります。飛び上がるときの蹴り込みや、飛びのったときに動かないよう、しっかり固定できるものを選びましょう。

　猫のステップとなる場所や、ジャンプから着地する床（面）はすべりにくいものにする必要があります。そして、安全および衛生上、猫用渡り通路は人の掃除の手が届く高さにおさえておくのもポイントです。抜け毛や吐き戻しで汚れることがあるので、固く絞った雑巾での拭き掃除ができる程度の清掃性は必要です。

　猫は窓から外を眺めるのも大好きなので、日向ぼっこができそうな出窓などは積極的に利用しましょう。

キャットスルー・キャットドア

　自由に家の中を歩きまわれるようにするには、猫だけが通れる開口を壁やドアに付けると便

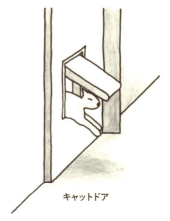

キャットドア

利です。ただし、引き戸に取り付けるのは基本的にお勧めしません。引き戸の開閉時にキャットドアをくぐっている猫を挟んでしまう事故が起きているからです。

2. 愛猫に困った! をなくそう

におい対策

猫には体臭はありませんが、フードやトイレはにおいの元となります。猫の尿は犬の5倍といわれるほどににおいがきついものです。猫トイレは、人のトイレの内部やユーティリティに置き、換気設備を整えると気にならなくなります。

傷対策

爪とぎは猫の本能的な習性で、これをやめさせることはできません。しかし、室内での爪とぎ場所を決め、市販の爪とぎ器で爪とぎをするよう誘導することは可能です。気持ちよく爪を立てられる素材を用意してあげると、爪とぎを上手に誘導できるので、ほかの場所や、家具で爪とぎされることを減らせます。

猫にとって爪とぎがほしい場所は、部屋の入り口や目立った角、またトイレから出たところや寝床から出たすぐのところなどがポイントです。こういった場所に爪とぎを用意してあげましょう。爪とぎの素材はそれぞれ好みがありますので、いくつか試すのがよいでしょう。多くの猫に人気の素材は、段ボールや麻布を巻いたもの、木ならば杉などの針葉樹系の軟らかくて爪が引っかかりやすいもの。皮が付いたままの木も喜ばれるようです。

大きさは、猫の体格によって変わります。とくに寝床から出てきてする爪とぎは、背伸びするような運動を兼ねているので、こうい

った動きでしっかり体がのり、前足を伸ばしてちょうどいい高さや長さが必要です。長さばかりに目がいくようですが、幅が足りないと壁で爪をといでしまうので注意しましょう。

多頭飼育だと壁や高い場所での爪とぎが増える傾向がありますが、その場合は壁のクロスを耐傷性のものにすることで傷つきを目立たなくする工夫もできます。また、腰壁を付けたり人の腰の高さでクロスを上下に張り分けると、メンテナンスが下の部分だけですむので楽になります。

3. おウチの中でできる工夫

冷暖房

基本は犬と同じですが、猫は比較的、暑さより寒さに弱いことに注意しましょう。日光浴をする場所と暖かな寝場所は重要です。

また、暖房器具では、火傷をしにくい輻射熱式の場合でも、寄りかかっていて低温火傷をする場合があります。器具を柵などで囲ってしまうと安心でしょう。

網戸

対策は犬とほぼ同じです。さらに、引っかき行為で傷められないようにするには、グラスファイバー製の網など強化タイプを使うのも一つの方法です。しかし、荷重がかかると網自体が外れてしまう可能性もあるので、過信はできません。

カーテン

カーテンボックスの上にのれるなど、上部に誘惑するものがあるとカーテンを足がかりにしてのぼろうとします。また、風に揺れて

いると飛び付いたりしてカーテンを傷付けることがあります。シェード式のカーテンやブラインドのほうが被害が少なくなるのでお勧めです。

シャンプー設備

一般に猫をシャンプーする必要はほとんどありませんが、長毛種の場合は毛並みを整えたり、汚れを落とすために、定期的にシャンプーすることもあります。その場合は、シャワーを使わずため湯を使います。人用のシャンプーシンクを猫のシャンプー用として、また、多目的なスロップシンクを設置すると、日常の家事と兼用して使うことができます。

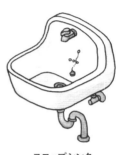
スロップシンク

トイレ

猫はトイレのしつけがしやすく、砂場や軟らかい土の感触に似たスペースをつくってあげると、そこをトイレとして自発的に利用します。トイレトレーは犬と比べて小さくてすみますが、砂の飛び散りがあるので、トレーは深型で、周囲には飛散防止マットなどを置くスペースも必要です。

また、頭数ごと、少なくとも1グループに一つは必要です。

そのほか

冷暖房、ドア、ゴミ箱、感電事故、汚物流しは基本的に犬と変わりません。

スツールを使った隠れ場所

　来客などで家の中が普段と違う空気に包まれると、犬や猫もその気配に反応します。興奮してちょっとウロウロしたり、猫などはどこかに隠れてしまって出てこないということもよくあります。

　犬や猫には安全な「引きこもりスペース」が必要です。私たち人間はもちろん、犬や猫も環境に違和感を感じたときに、もぐり込むような狭い場所にいると安心できるからです。この誰からもちょっかいをかけられないような狭い場所で、ゆっくり気持ちを落ち着かせ、状況を判断したりなど心の準備ができるというわけです。これが 32 ページで説明している「隠れ家」です。犬や猫には寝場所が主な隠れ家になります。

ハウス以外にも「隠れ家」を確保してあげよう

　家の中での家族の共有スペースとなるリビングにも、ハウス以外のミニ「隠れ家」を確保してあげると、もっと喜ばれます。

　来客の相手をしていると怖がって隠れていたのに、いつの間にか椅子や家具の陰から犬や猫が様子をうかがっている、ということは珍しくありません。また、見知らぬ（不審な）来客が怖くて仕方ないのに、ビクビクしながらも飼い主の座っている椅子の下にもぐり込み、その場に同席しようとするコもいますね。こういった「ちょっぴり怖いけど、気になるから見ていたい」という観察する気持ちは、私たちにも理解できる感覚ではないでしょうか。体の小さな犬や猫には、リビングの中のソファーや椅子の下であっても、飼い主に守られているような形になっていれば、安全な「隠れ家」になるわけです。

スツールの隠れ場所

　来客の多いお宅で、収納の機能があるスツール（腰掛け）の一部を、犬と猫用の来客時の「隠れ席」となるようにつくってみました。飼い主の座る席下に、クッションを敷き込みハウスのようにしたものです。飼い主が腰掛けると、自然と犬も猫もそのスペースに入るようになり、普段から一緒にくつろぐようになりました。来客時の避難用のつもりでしたが、普段使いにも最適だったようです。

　犬や猫がもぐり込めるスペースのあるソファーをつくるとなれば大がかりですが、簡易な方法もあります。飼い主がくつろぐ席のすぐ横や足元に、もぐり込める箱を置いておくだけでも「飼い主の足元の守られた隠れ家」という環境には変わりありません。市販のものにも、一見オットマンに見えるような「人も腰掛けられるハウス」がありますので、インテリアに合わせて取り入れてあげるとよいでしょう。

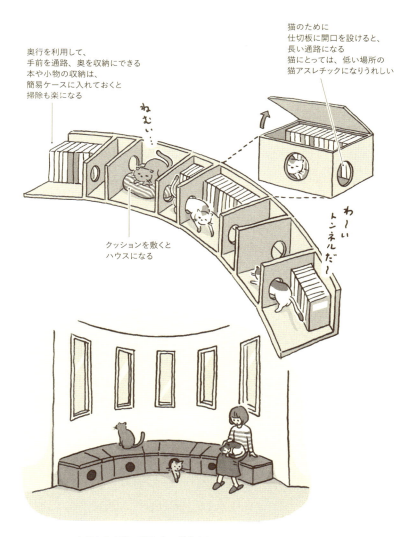

収納と犬や猫の隠れ家の機能をもつスツール

犬や猫と防災について

室内での防災計画

　東日本大震災の後、改めて日ごろの防災対策が叫ばれています。日本は地震が多いだけでなく、豪雨や台風による自然災害も多い国です。犬や猫のための防災対策も忘れず考えておきましょう。

　大きな地震では激しい揺れで家の中がかきまわされる状態となり、家具や室内にあるものが周辺にあるものだけでなく、遠くにあるものまで飛ぶように降ってきたりします。

　「地震のとき、テーブルの下に入る」というような知識は犬や猫にはありません。怯えて走りまわって、落下物や倒れた家具で怪我をする可能性があります。大きな揺れや音でパニックとなり家から飛び出す、家の中にいても隠れて出てこない、という問題もあります。

　体だけでなく心の負担もあります。災害に見舞われたとき、その状況判断を犬や猫はニュースや言葉での説明で理解できません。恐怖感から解放されるまでには時間がかかるでしょう。こういったパニック状態でも落ち着いて避難できるよう、恐怖感の軽減と事故や逃走防止に対する備えを日ごろの生活環境でつくっておくことが、犬や猫がいる家庭では大切です。

　実は、室内での犬・猫の防災計画で、すぐできて安全率の高いお勧めのアイテムが身近にあります。

　犬・猫共に安心できる隠れ場所（寝場所）として、「ハウス」が重要であることは、すでにご説明しています。安心できる隠れ家とするには「巣穴」形状で体がすっぽり入る程度の、大きすぎず小さすぎないものであることでしたね。それにちょうどいいものが、普段、病院などへの移動に使われている「キャリーバッグ」や「クレート」

です。犬・猫のいるご家庭には、一つは必ずあるはずです。これを普段から魅力的な「隠れ場所」として活用していれば、安全確保と即時避難という防災対策ができてしまうのです。

地震などの大きな恐怖を感じたとき、犬・猫は自分から「日ごろから安全な隠れ場所」へ飛び込んで隠れます。隠れ家がハードクレートなど硬くて丈夫なものであれば、飛来する落下物から守ってくれます。さらに大きなサークルで囲われていれば、家具の転倒から守れます。避難が必要な場合でも、隠れたコを探す手間が省けるので、素早く避難ができます。

日ごろからクレートを安全な隠れ場所とする

カウンター下や収納の一部を犬・猫用のスペースにしていると、ベッドを屋根のないものにしていることが多いですが、落下物から守るためにクレートをベッド（ハウス）として兼用するという防災面からの活用方法があります。

ただ、現在使っているベッドをいきなり入れ替えるのはむずかしいものです。その場合、使用中のベッドの横やサークルの隣にクレートを置き、扉を開けて出入り自由にしておきます。快適な場所と気がつけば、いつの間にか使うようになります。猫の場合では、穴蔵形状のベッドは高い場所ではなく、床近くに配置しておくことが防災面で必要でしょう。

防災対策とペット用品の備蓄品置き場

収納の容量や使い勝手を、防災対策の備蓄という観点からも見直してみましょう。

非常食や薬品などの物品を、日ごろから持ち出し袋に入れて備えることも防災対策の一つですが、人と同様、家族である犬・猫のためにも専用の防災持ち出し袋を準備しておく必要があります。

被災時には地域の指定の避難所に支援物資が届きます。しかし、前例から見ると、支援物資がくるまで数日かかることがあり、ペット用の物資はさらに数日かかってしまいます。

　こういった現状を飼い主は理解しておかなければなりません。人用の非常用持ち出し袋には、最低3日の食料を用意すべきといわれていますが、犬・猫用には2週間分を最低準備しましょう。持病がある場合は、常備薬と共に診察履歴のわかるノートを入れておきます。また、腎臓病などで療法食をとっているようであれば、緊急時はなかなか手に入らないということも考え、多めに入れておくべきです。猫の場合は慣れたものでないと食べないので、健康なコでも食料の確保は重要です。

　トイレのシーツや砂の準備も大切です。猫では砂を入れるトイレトレーが必要になりますが、緊急の移動時には荷物になって日ごろ使っているものを持っていけないこともあります。持ち出し袋の底にトイレトレーの代用になるものを敷いておくと便利です。

常備品を非常用にも利用する

　非常食は持ち出し用の袋に全部を入れなくてもよいとはいえ、人以上に、犬・猫のための非常用持ち出し袋には、入れておくべきものがわりと多いということが見えてきます。また、フードは常食のものを非常用にも利用するために、わりと頻繁に入れ替える必要があります。人用でも防災用備蓄品の扱い方として、非常食と水は日ごろ使いながら補充していき、つねに新しいものにしておくという方法が推奨されています。つまり、備蓄品とはいえ、日ごろから取り出しやすい場所にあるべきということが住まい方では見えてきます。

　また、緊急に自宅から避難する場合を考えてみましょう。犬や猫の入ったキャリーバッグやクレートと同時に、非常用袋をつかんで

即座に移動しなくてはいけません。こうなると、ハウス近辺に非常用持ち出し袋の置き場があることが望ましいといえるでしょう。ハウスやベッド空間の上部や隣接する収納に、ペット用非常持ち出し袋を用意すると動線が短くなるため、素早い避難が可能になります。また、食料を保管しているのですから、その収納は衛生と温度管理がしやすい仕様にしておくとよいでしょう。

このように、ハウスの置き場や日常の給仕の動線などを、防災という観点から考えることも大切です。

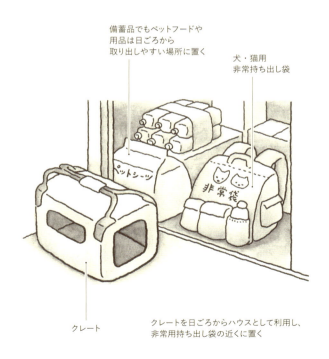

備蓄品でもペットフードや用品は日ごろから取り出しやすい場所に置く

犬・猫用非常持ち出し袋

クレート

クレートを日ごろからハウスとして利用し、非常用持ち出し袋の近くに置く

コラム 02
やってはいけない住まいの工夫

犬や猫と一緒にくらす住まいでやってしまいがち、
でも実はかれらの精神衛生や健康上、害を与えてしまう工夫があります。
誤解されがちな 7 点を挙げてみました。

犬が退屈しないようにと、バルコニーなどに「犬用覗き窓」を付けること

　通りすがりの人や車を不審者とみなして吠え、さらにそれを撃退したと学習してしまうことで、吠え癖をつけてしまいます。窓を付けるなら庭に向けて。道路やご近所を眺められないようにします。

ガラスで囲われたサンルームに、犬や猫の居場所をつくること

　犬や猫が入る可能性のあるサンルーム類を設置するときは、寒暖の差が大きくならないようにします。簡易なサンルームをつくる場合には、あくまでも日光浴だけにし、閉じ込めることがないようにします。

食卓が座卓で、犬も一緒に食卓を囲んでいるような状態にすること

　犬や猫が食卓の上のものがほしいとか、上がりたいという衝動をおこしやすくなります。食卓は犬や猫が覗けない高さに設定しましょう（床に座る和式の生活から、椅子に座る洋式の生活に）。

猫のアスレチックや猫用通路の梁を、食卓やキッチン付近に設置すること

キッチンへの足がかりになってしまうと危険です。また、食卓の上方に猫用通路の梁があると、毛などのアレルゲンが食卓に落ちやすい状態となり、衛生上問題があります。

引き戸にペット用のくぐり穴やドア（キャットドア）を付けること

犬や猫が通路をくぐっている最中に、引き戸を開けてしまう可能性があり、体を挟むなどの事故の危険性があります。

猫の渡り通路をガラス板など透明な板にすること

猫には透明な床は理解できません。むしろ、不安や恐怖を与えやすく、事故にもつながります。

犬や猫だけが通れる専用の通路をつくること

人が通れない（入れない）通路や階段をつくってはいけません。衛生と安全のためには、こまめな掃除とメンテナンスが必要です。人の手が届きやすいつくりにしておきましょう。

3章

犬・猫のくらし Q&A

犬の生活空間の配置

**Q 01
犬が和室に逃げ込むのです……**
シー・ズーの男の子なのですが、和室やそこの押し入れに入ろうとして、襖をボロボロにするので困っています。普段の居場所はリビングですが、お客さんが来たときや大きな車がそばの道を通ったときなどに、リビングの隣にある和室に逃げ込むようです。ウチのコちょっと臆病みたいだし、襖をじょうぶにするだけで問題ないのか心配です。

A 逃げ込んでいる、というのがポイントのようですね。じょうぶな襖に張り替えたり、勝手に扉を開けられないようにする前に、環境面を検討する必要があります。

リビングにあるのは、屋根付きの「ハウス」ではなく、座布団状のベッドだけではありませんか？

32ページで説明しているように、犬にはなにかあったときに落ち着くための「プライベートスペース（隠れ家スペース）」が必要です。逃げ込めるスペースがないから、大きな音がして怖かったとき、もぐり込める場所を探して和室や押し入れに入っていた可能性があります。安全な場所として専用のハウスを与えてあげましょう。

また、臆病なコの場合、窓や出入り口などの外部の気配が感じられる場所は要注意です。つねに緊張しストレスを抱えやすくなってし

巣の基本をかたどる

「和室」というのも、実はポイントです。和室はリビングの隣に配置されていることが多く、このお宅の場合もそうです。なぜ、そこに逃げ込むかというと、そこからは家族の集まっている場所の様子が確認できるからです。隠れられて、かつ、少し暗くて落ち着いている場所。これはちょうど「自分の身は隠せて周囲は見わたせる」という「巣の基本」の要素があります。犬にも猫にもそういった場所が「隠れ家スペース」として理想的なのです。

ハウスのサイズとハウスの置き場

くつろげるハウスのサイズは、大きすぎず小さすぎないこと。中でひとまわりでき、高さも頭がぶつからない程度がよいのです。

くつろげるハウスの大きさは大きすぎず小さすぎないこと

インテリアの工夫では、押し入れや家具収納にハウスを組み合わせ「ハウススペース」とすることがあります。その場合のハウススペースの天井高さは犬が座ったときの頭の高さの1.5倍を目安にしましょう。臆病なコの場合は、ハウススペースにベッドだけでなく、体がすっぽりおさまるぐらいの高さのハウスをさらに組み込んであげると効果的です。

また、移動時に使うキャリーバッグやクレートを、日常からハウスとして使えるようにしておくことをお勧めします。たとえば通院時。一番落ち着ける個

ハウススペースの天井高さ＝頭の高さ×1.5

犬が座ったときの頭の高さ

ハウススペースの天井高さ

3章　犬・猫のくらしQ&A

室ごと移動できるので興奮しにくく、正しい診察を可能にします。

またハウスの置き場ですが、階段下のスペースが空いていてちょうどいいからと、安易にそこに決めてしまうのは問題です。階段付近は扱いのむずかしい場所です。階段を上り下りする音がして落ち着かないことと、「階段の足音が聞こえると人がやってくる」という「条件付け（学習の効果により条件に対してある反応がおこるようになること）」がしやすくなってしまうからです。階段付近にハウスを置く場合は、人の出入りとの関連が結び付けにくい場合に限ります。

Q 02 隠れ家で「三楽暮」できますか

トイレトレーを置いても機能するようなサイズを市販の商品に求めると、小型でも半畳近くあります。広い家ならよいですが、リビングに置けば大きく感じて、目立ちます。トイレが丸見えになってしまうのも考えものでしょう。

そこで、壁面収納の下部を利用してドッグスペースとすると、インテリアがすっきりします。サークル機能を収納に組み込んだ形です。小型犬なら、奥行きも 45cm から可能です。

イラストの事例は、ミニチュア・ダックスフンドのためのサークル空間で、「三楽暮」を試みたものです。壁面収納のカウンター下に、3枚扉のドッグスペースを確保しました。サークル機能を棚下にコンパクトにおさめたので、ほかのインテリアに影響を与えません。

スペース内は、ハウスにしているキャリーバッグと、トイレトレー

を置くようにしてあります。3枚の引き戸は、普段は両側を全開にして利用するもので、犬は通常、自由に出入りできる状態にしておきます。来客時や留守番のときは扉を閉めると、サークルとなります。このサークル部分を掃除がしやすい建材アイテムで配備すれば、衛生的で効率的です。

穴蔵状でちょうどいい隠れ家になりました。自分からスッと中に入り、トイレも上手にできています。上部は、人がメンテナンス作業に使うための収納や台です。日ごろのブラッシングがここでできるようになっており、カウンター下の引き出しは、グルーミングのためのブラシや、オモチャを収納することができます。上段にはト

三楽暮できるスペース

イレシーツやタオルを収納するようにしておけば、人は屈まずに日常のケア作業を行うことができます。

このように、犬にとって快適なサイズであることと、人に便利なケアスペースを一体化した、サークルスペースは、人からしてみると、「日常のケアが楽にできるし、効率よく衛生を保てるので助かる」「来客や家事で手が離せないとき、見ていられないときも安心。この場所が大好きなので、自分から入ってくれるのもうれしい」

犬からしてみると、

「ここなら絶対安心！だし、ちょっとひとりでいたいときは、ここにいれば、そっとしておいてもらえる」

家側としても、

「汚れや傷みやすい場所が制限されると、床や壁の取り替えも部分的に対処できて経済的」「室内での興奮をおさえる効果も期待できるので、家財の傷みも少ない」

という三楽暮になるわけです。

03 複数いるときのサークルはどうなりますか

複数頭になれば、ハウスまわりの中間層になるサークルを広くしていきます。2頭の柴犬のいる家のリノベーション事例です。リビングの一角に隠れ家機能のある犬のスペースを設けました。

柴犬は、頭がよく、扱いがむずかしい犬種です。室内飼育となれば、人の高度な誘導が必須になりますが、2頭となると一般の飼い主では難度が高くなってきます。掃除などのケアにも体力と時間を

複数いるときのスペース

とられますので、人にとっての負担を少しでも軽減する工夫に力を入れました。

　上部は開放性をもたせているので、スペース内に犬が入っていても、人は犬の動きをチェックできるようにして、中でおきていることを人が把握しやすくなっています。犬としてはリビングからの視線から逃れ、隠れている状態を保てます。また、床は清掃性のよさと犬が自分で涼をとれるようにタイルにしていますが、床面への空気の流れをつくるようにし、冷房効率を上げる工夫もしています。

　人が手際よくケアをするためには、スペース内では、トイレシートの収納など、ケア用品の出し入れや、ケアの一連の作業を屈まな

いでできる工夫を施しています。

　メンテナンスをするのは人なので、この例のようにドッグスペースを広めにするならば、人の背丈より低い空間の奥行きを深くしないことです。犬の寝床部分だけ低くければ、くつろぎには十分です。

　カウンターは人が作業をおこないやすい高さにし、犬のサイズに合わせて下に収納を付加していきます。床の奥に人が手を伸ばしたとき、届きにくかったり頭をぶつけたりしないよう、奥行きを調整するのがポイントです。犬のスペース内に収納をつくる場合には扉が必要になります。

　実は、家庭で動物を飼うと、思いのほか、人はひざまずくという動作が増えます。屈む行動を減らす、というのが人への思いやりの工夫のポイントです。若い飼い主でも、この動作に負担を感じている方は多いようです。また現在はそう負担に思っていなくても、誰もが少しずつ歳をとっていきます。シートの取り替え一つでも、大きな負担になりますから、この負担を少しでも減らすという対処は、高齢者になっても元気に犬・猫とくらすためには、大変重要になるでしょう。

Q 04 同じ空間の中に入らせない場所をつくるには……

　元気で陽気なキャバリアとくらしています。リビングに開かれた状態の仏間がほしいのですが、ウチのコは食いしんぼうで心配です。家族の慣習で、仏間には天ぷらなどのお供えが置かれることが多いのです。犬が室内を自由に歩きまわっているときに、いつも襖を閉めておくのは狭いのでいやなのです。幅の広いドッグゲートを付けるしか方法はないでしょうか？

Ａリビングに隣接した和室は、続き間にしていると空間が広く感じられますし、いざというときには仕切れて個室になるので予備室としても便利でほしい方は多いのではないでしょうか。しかし、開放性のある続き間として利用したい場合は、工夫が必要になります。

　「行ける場所」「入れる場所」は、犬や猫にとっては家族と一緒にいられる自由で安心な場所だと思うもの。だから、それがいけないことなら、「しなくていいように」「その場所に入らないように」してあげましょう。

　そこで、犬に入らせたくないこちらの都合を示す、猫間障子を利用したゲートをつくってみました。障子を上下に可動させることで、しっかり仕切りたいときと、開放性をもたせたいときの2通りの使い方ができます。高さ的には、キャバリアぐらいの小型犬では視界を遮ることができ、ゲートとして機能します。上段は普段は下げておき、人の高さでは開放されているので、障子を閉めていても開放性が保てます。

障子が上下に可動する

「三楽暮」では、
「人は、うっかり犬に入られて、叱ったりすることがなくなる」
「犬は、仏間にうっかり入って怒られるなんてことはない」
「住まいからすれば、犬がいると傷むからとあきらめていた畳も使える」
というわけです。

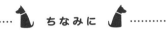 ちなみに

トレーニングと組み合わせるようにして、リビングの床と和室の床にはっきりとした段差を設けるというのも一つの方法です。段差を設けることで空間にリズムができるので、部屋の仕切りが犬にもわかりやすくなります。段差がある場所ではマテやオスワリをするなどのトレーニングを取り入れることで、リビングと和室が空間としてつながっていても犬が勝手に出入りしないようなしつけをしやすくなります。また、和室に抜け毛などのハウスダストが入りにくくなるので、衛生面でもお勧めです。

続き間の和室の床とリビングの床にはっきりとした段差を設けます

和室の床の段差を
40cm程度とり、
収納にもできます

40cm程度

床下が収納に

腰掛けられる大きな段差

　リビングと和室の境に段差を40cm程度とり、人が腰掛けられるようにして、和室の床下を収納にする方法もあります。上がりにくいので小型犬にはより効果的です。

大きな段差をリビング内の土間に応用

　夜間だけ室内に居場所を設けるなど、基本は屋外飼育という場合、リビングにも土間を活用してみましょう。犬に床を屋外用の仕上げとした土間部分には出入りさせても、段を上がった空間には上がらせない、という空間区分が可能になります。屋外飼育タイプですが家族の集まるリビングにも居場所をもっているので、犬は心の安らぎを得られ、しつけがしやすい状態になります。

Q 05
チャイムが鳴るたびに吠えるんですが……

ゴールデン・レトリーバーなのですが、インターホンのチャイムが鳴るたびに吠えるので困っています。玄関ドアに張り付いて吠えるのです。しつけ本にあるトレーニングをしようと頑張っているのですが、なかなか効果が上がりません。

A レトリーバーの種類のうちでも、ゴールデン・レトリーバーは穏やかな気質の半面、臆病な性格のコも多いといわれます。臆病ということは警戒心が強いということですから、侵入者の気配がすると吠えやすいのです。

チャイム=来客（侵入者）という考え方ができてしまっているので、これはトレーニングで解消することはできるのですが、住環境の面では居場所やハウスの位置関係が気になります。

玄関先は掃除がしやすくて都合がいいからと犬の居場所にしてしまう飼い主がいますが、犬にしてみれば番犬の役割を与えられているようなもので、吠えてあたり前ということになってしまいます。まずは、居場所やハウスを玄関ホールの近くや来訪者のある出入り口の近くに置かないようにしましょう。

また犬が自由に歩きまわれる場所は、犬にとっては守るべきテリトリーになることも忘れないでください。犬が勝手に玄関に近寄れないようにしておくべきでしょう（29～31ページ参照）。

さらに、インターホンのすぐ近くに犬の居場所があっても、来客との関係が結び付きやすくなります。家族がそのインターホンに応対し、玄関へと向かうからです。

ちなみに

犬のいる場所からは
玄関へのアプローチが
見えないようにします

家の外からの工夫

玄関が直接見えなくても、外からの入り口である門扉から玄関へのアプローチが見えると、吠えやすいのは同じです。犬のいる部屋の窓からは見えないように、塀や樹木でのカバーなど、庭先の工夫もしてみましょう。

チャイムやインターホンを聞かせない工夫

インターホンには無線式の子機が使えるタイプもありますが、犬がいる場所ではそれもチャイム音が鳴らないようにし、人がいる場所のインターホンだけ反応させるようにできます。

チャイムやインターホンを飼い主と何かする合図に変える

チャイムをコマンドにするトレーニングがあります。チャイムが鳴ったら、吠えずにハウスに入るとおやつやご褒美が出るといったトレーニングです。ハウスでなくとも、「黙って自分のポジションに行って座る」のが正しい行動という学習をできればいいので、そういった場所を意図的に「お座りスペース」としてつくっておくのもいいでしょう。

スペースの配置場所は、隠れ家の場所と違って、玄関や部屋の出入り口付近です。たとえば、リビングの入り口付近にサークルを置く、また座布団のようにマットを敷くだけでもよいのです。来客に応対に向かう人の進行方向の動線上です。部屋を出る（玄関に向かう）途中、ついでにその「お座りスペース」に小さなトリーツ（ご褒美の小さなおやつ）を放り込みます。犬は人と一緒に動き、そのスペースに入ることを学習しやすくなります。ついでに、というのが人が効率的に行動できるポイントです。

Q 06
私が出かけようとすると犬が騒ぐのです……

　ウチの犬は、私が出かけようとしているのがわかるらしくて、連れていってといわんばかりに、吠えたり、まとわり付いてくるのです。しつけの本にあるように、「なにげなく出ていく」ようにしているつもりなのですが……。

A
飼い主の外出の準備パターンを犬が把握してしまっているからでしょう。犬はいつでも大好きな飼い主に注目していますので、「鍵を持ったら」「バッグを持ったら」「お化粧したら」家族が外出するのだ、とすぐに覚えてしまうのです。

　外出時に騒がれず、上手に留守番させるためには、「さりげなく出かけ、さりげなく帰ってくる」ことが大切です。トレーニングの本では、「出かけても必ず飼い主は帰ってくる」という安心感をもたせる訓練や、「外出アイテムを持っても必ず出かけるわけではない」と犬に覚えさせるという訓練も紹介されています。それと同時に、家の中で「外出に気づかせない」工夫ができます。

コラム03
犬に外出がわからないような工夫をした玄関まわりのプラン

愛犬に出かける様子を悟られないような工夫で
外出前に騒ぐのを防ぎ、しつけもしやすくなります。

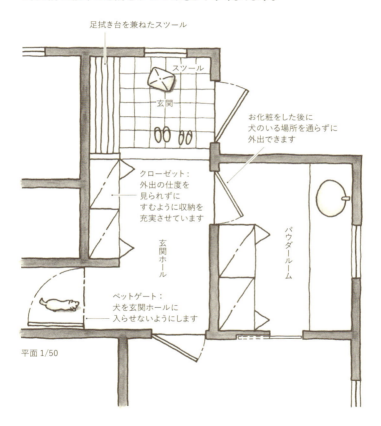

足拭き台を兼ねたスツール

スツール

玄関

お化粧をした後に
犬のいる場所を通らずに
外出できます

クローゼット：
外出の仕度を
見られずに
すむように収納を
充実させています

玄関ホール

パウダールーム

ペットゲート：
犬を玄関ホールに
入らせないようにします

平面 1/50

3章　犬・猫のくらしQ&A

犬に見えない場所で準備をしよう

　外出時に持っていくようなバッグや鍵の置き場を、犬の居場所から見えない場所に設定しましょう。玄関ホールなどの収納を充実させ、クローゼットを設けて上着や帽子・バッグなども置けるようにするとよいでしょう。あわせて、玄関ホールに犬が勝手に近寄ったり出入りできないようにしておくことも重要です。

　お化粧してからは、犬のいる場所を通らずに玄関ホールへ行けるように、パウダールームとリビングなどの配置計画にも気を配ると安心です。

Q07 犬と一緒の寝室を使ってはダメでしょうか……

ウチの犬は甘えんぼさんで、寝るときも一緒にいたがります。衛生上寝室を同じにするのはいけないと聞いていますが、一緒のベッドでなければいいですよね？

A　寝室は湿度がほかの部屋より少し高めの傾向があり、つねに温度・湿度共に変動が少ない場所です。さらに、ファブリックなど布製品が多いためにカビやダニが繁殖しやすい環境となるので、抜け毛が問題となる動物の立ち入りは極力さけたいものです。出入りがある場合は、掃除を頻繁にして、通風や換気などにいっそう気を配らなくてはなりません。

　同じ部屋で眠るのは、室内環境とは別にしつけの問題もあり、極力さけるべきといわれています。なぜなら、寝室は究極のテリトリーだからです。

　とくにベッド（寝床）を一緒にしたときの心配は、犬の場合、飼

い主への依存性が高くなって、臆病で不安感の強い性格になってしまうおそれがあるということです。そうなってしまうと落ち着かず、トレーニングもむずかしくなってしまいます。

犬や猫が同じベッドに寝ると、人が十分に寝返りができず、腰痛になりやすい、という人の負担もあります。気をつけましょう。

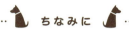 ちなみに

それでも、同じ室内で一緒に寝たいとき

成長過程にある仔犬のときや、病気や高齢で介護が必要になったとき、寝室のそばに犬の寝床を設けたいということがあるでしょう。その場合には、犬には、そのコ専用ベッド（ハウス）を用意しましょう。また、犬が注意を引こうと声や物音を立てたときに、人が反射的に振り向いても視線が交わらない位置に犬のハウスを配置しましょう。

犬のハウスは人と反射的に視線が交わらない位置に置きます

.... さらに ....

寝室の換気をよくしておき、寝る前に、寝具に付いた抜け毛やホコリをこまめにとるようにしましょう。

🐾 コラム 04 🐾
マンションリフォームで犬・猫用スペースを取り入れたプラン

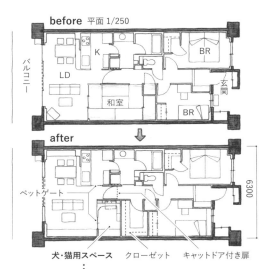

次のポイントを意識したリフォームのプランです。

● 和室を犬・猫用スペースと家族用クローゼットに変更。

● ものを出しっぱなしにせずにすむように収納スペースを多めに。

● 子ども部屋を少し広くしました。

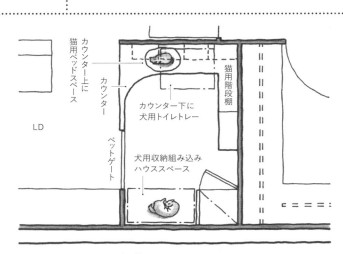

犬・猫用スペース 平面 1/50

リビング・ダイニングから見た様子

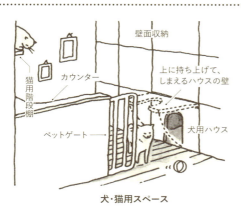

犬・猫用スペース

●カウンターに囲まれた空間の下部は犬用の「サークル」になっています。食事スペースであるほか、壁面収納には犬用ハウスを組み込み、カウンター下には犬用トイレトレーを設置しています。

●カウンターより上の部分は猫用のスペースに。階段棚やベッドスペースが設けられています（猫用トイレは洗面室に設置）

コラム 05

単身でくらす高齢者のマンションで犬・猫とのくらしを考えたプラン

単身の高齢者でも犬・猫とのくらしができるように意識したプランです。
高齢単身者では、入院時の長期不在での犬・猫の世話や、
飼い主自身が介助サポートが必要になること等が、
課題として挙げられています。近年増加が見られる1DKタイプの
ユニットにおいて、介助サポートやペットシッターの活用に対応できるよう、
居室空間の使い分けと家具・設備などの配置の検討を
表と図にまとめてみました。[2]

	目的	対応と設備配置
A	飼育スペースの効率性を高める（ケア時間のフォロー）	●動物の逃走防止と危険物や外部要因によるストレス回避のために、自由活動スペースの限定。 ●犬の限定居住スペースの確保（サークル等）。
B	飼育者の室内での安全確保	●生活動線の障害にならない位置に犬用、猫用のそれぞれのペット家具を配置。
C	飼育者の負担軽減——ケア（ケアがうまくない、こまめにできないことへのサポート）	●水まわりへの動線が短い、ペット用トイレ置き場の確保、ペットトイレの換気を水まわりと共用。 ●帰宅時の足拭きのための設備（台、スツール）。
D	飼育者の負担軽減——しつけ	●高齢者や初心者でもクレートトレーニングを行いやすいよう、ハウス前に相互活動スペースを確保する。
E	犬・猫の室内での安全と快適性の確保（寝床、運動スペース）	●外部要因に影響されにくい、ペットの生活空間+寝場所。 ●完全室内飼育の猫の行動欲求を満たす立体的活動空間。
F	隣接住戸、共用部への迷惑防止（逃走、におい、音）	●玄関ホール、バルコニーへの動物の出入りの制限。外部要因から誘引される犬の吠え癖の防止。 ●トイレスペースからのにおいを専有部内で処理。

2）日本建築学会関東支部材料施工専門研究委員会ユニバーサルデザイン建材 WG
「ペットと暮らす居住空間への新たな提案」日本建築学会関東支部、2011

猫の生活空間の配置

Q 08
猫がいたら障子はボロボロにされるものなんでしょうか
猫が3匹いるんですが、障子を破ってしまい、その障子を上って押し入れの天袋に入るコまでいます。猫がいると障子の使用はあきらめないとダメでしょうか？

A 単に障子を破って楽しんでいるのか、天袋という高い場所に上がろうとして足がかりにしているのか検証が必要です。
　高いところに上がりたがると思われている猫ですが、むやみには上がりません。そこに気になるものがあるとか、その場所から見下ろして眺めたい場所があるなど、猫なりに理由があるのです。人とくらしている場合、人の身長より少し高い程度の高さであれば十分です。ただ、複数の猫が一緒にくらしている場合、猫同士の立場、緊張関係、遊びといった理由で、部屋をざっと見下ろせるほどの少し高い場所に上がることもあるようです。

　押し入れの天袋には「自分は隠れて、周囲は見渡せる静かな場所」という「隠れ家スペース」の要素があります。その一部を開放してあげるか、似たようなスペースを確保します。あわせて段状の家具や棚を配置して、障子より歩きやすい高いところへ上がるための通路を確保してあげましょう。障子を足がかりにしているのであれば、そうすることで障子が破られることはかなり少なくなるでしょう。

ハンティング気分が味わえる待ち伏せポイントをつくってあげると喜びます

・・・・・・・・・・・・・・ ちなみに ・・・・・・・・・・・・・・

猫の寝場所

　猫の場合、寝場所は人が勝手には決められません。「猫の飼育匹数プラス1」のベッドスペースや休憩ポイントをつくってあげると、猫がその中から好みの寝場所を選びます。

破れない障子

　障子紙には、和紙のほかに破れにくいプラスチック製障子紙などもあります。和紙模様なら、見た目は和紙と同じであるうえ、犬や猫に破られることはなくなります。

09 猫には、ワンルームでの飼育はストレスなんでしょうか

猫がお腹を自分で舐めてハゲができてしまいました。住まいはワンルームマンションで、猫とふたりぐらしです。獣医師の診断は、「退屈やストレスが主な原因でしょう」とのことです。狭くても遊べるように市販のキャットタワーを置いたり、家具を段状にして部屋の高い場所に上がれるようにするなど工夫はしているつもりです。やはり、ワンルームでの飼育がストレスになっているのでしょうか？

完全室内飼育は、運動量だけでなく刺激も不足しがちになるなどのデメリットはありますが、少しの工夫で補えます。その前にまず、音や振動などの住環境を確認しましょう。ご近所や周辺からの騒音や振動が関係ないとすれば、退屈がストレスになっている可能性が高いでしょう。アレルギーなどの体調不良でなくとも、退屈から体を舐めすぎるということがおきます。

せっかく、キャットタワーなどで空間を立体的に有効利用できるようにしても、その場所に上がって部屋全体が見渡せるようでは、逆に刺激を減らしてしまっているのと同じです。まずは、好奇心旺盛な猫の心を満たす空間配分をしてみましょう。

 ちなみに

空間の数を増やす

猫にとっての生活空間が2つ以上あることがまず必要です。部屋数は「猫の飼育匹数（または、グループ数）プラス1」を目安としましょう。

ワンルームであるならば、猫の上下運動に考慮しながら、まわり

込んだりしないと見えない空間をつくってあげることで、部屋数が少ないハンディを補うことが可能です。

・・・・・・・・・・・・・・・・・・・・・・・・ さらに ・・・・・・・・・・・・・・・・・・・・・・・・

可動式のアスレチックを組み合わせる

　上下運動をするためのキャットタワーやすべての家具を、造り付けや完全固定にしておかない、というのも猫向けインテリアのコツです。移動できる家具や市販のロータイプのキャットタワー、可動式の棚などを組み合わせたりして、たまに小さな模様替えをしてあげることも、ワンルームでできる好奇心を刺激する工夫の一つです。ただし、足元がぐらつくようではいやがって使わなくなってしまうので可動式でもしっかり固定しましょう。

　ダンボール箱を重ねた簡易アスレチックもお勧めです。ダンボールは爪とぎにも好まれる素材ですし、古くなったら新しいものに入れ替えられるからです。狭い路地のようなスペースをつくってあげても喜びます。

ダンボール箱を重ねた
簡易アスレチックで
まわり込んだりしないと
見えない空間をつくります

あら、いない?!

10 仲のよくない猫がいて、キャットウォーク（渡り通路）の上で一触即発の状態に……

リビングを見渡せるように、長いキャットウォークをつくってあげたのですが、猫同士で仲のよくないコがいて、鉢合わせになると、弱いほうが追いつめられるようにしてキャットウォークの上から落ちてしまったことがあります。いつか怪我をしそうで心配です。仲よく猫アスレチックが使えないものでしょうか。

A 自宅内の猫アスレチックの通路は猫1匹がやっと歩ける幅ぐらいしかないことが多いですね。そうなると、キャットウォークでは相手と真正面で向き合う形になるので、気の弱いコのほうが仕方なくUターンするといった行動も見受けられます。慌てていると足をすべらせて渡り通路から転げ落ちる、そんな危険な状態になりやすいものです。

多頭飼育では、猫同士の関係を円滑にする

猫が3匹以上という多頭飼育になると、その家庭内で猫たちだけの社会も発生します。猫たちの社会関係が生活空間で無理なく築か

れていかないと、ストレスや爪とぎ、におい付けなどの縄張りの主張行動が増えてしまいます。多頭飼育に対応した配慮が室内にも必要でしょう。

猫同士で緊張して付き合っている状態が見られたなら、要注意です。たとえば、猫同士のケンカが頻発する、狭い場所にずっと閉じこもっている、高い場所から下りて来られないコがいるなどですね。猫たちだけでの社会関係がうまくいく環境にあるのか、このコたちの生活空間である家庭内を再確認してあげましょう。

猫同士の関係を円滑にするためには、猫は単独での生活を好み、自分だけの空間を大切にしているという基本生態を尊重することです。そうはいっても、社会性はあります。親子関係を中心に、気の合う仲間とは共同生活も楽しみます。大体3匹ごとでグループ分けができるようです。このグループ内では、同じベッドやトイレを使うことに抵抗がなく、同じ空間を使ってもストレスが少ないようです。たとえ、2匹であっても、仲がよくなければ、それは2グループあるのと同じです。人があいだを取り持つようなことはできないので、無理に同じ空間にいさせるようなことはやめましょう。

猫のメンバーが増えれば、どうしても苦手な相手というのは出てくるものです。一つの生活空間を共有するためには、空間数を増やしてあげることが大切ですし、生活空間内では、お互いが出会ったときに上手なすれ違いができる必要があります。

猫同士の上手なすれ違い

上手なすれ違いとはどういったことか、社会活動と空間利用がどう関係しているのか、猫たちの社会関係のつくり方を改めて振り返ってみましょう。

猫にはそれぞれ縄張りがあり、その縄張りのまわりに、生活活動する地域をもちます。日常生活で歩きまわる生活圏は、ほかの猫の

それとも重なっていて、共有しています。生活圏内での顔見知りの相手とは、無駄な争いはしません。道でばったり出会っても、静かにすれ違うのが猫の礼儀です。その通行に優劣はなく、どちらが先にいたかとか、動き出したかが優先されます。動き出しには、気の強さなどは影響するかもしれません。出会った相手が、親子や兄弟など気の合う間柄だと、顔をすり寄せたり、親密な挨拶を交わすこともあります。

　こういった街などの広い空間で行われる社会活動が、自宅内にもギュッと凝縮されています。猫たちの礼儀作法をスムーズにおこなえるよう、配慮がほしいのです。猫アスレチックは梁の上のような狭い通路ですが、通路が枝分かれしていれば、通行中、あちらから苦手な相手がやってきても平和的に別々の道へと進み、上手にすれ違えます。

ちなみに

猫アスレチックは上下左右で行き来させ、行き止まりをつくらない

　限られた空間を共有する猫たちの社会活動が円滑におこなわれるためには、上手なすれ違いが大切です。猫アスレチックで狭く細い通路が長く続くときは、途中いくつか枝分かれして、お互いにさけられるようにするべきですが、平行方向だけではありません。高さを変えてよける行動も猫は多いので、1段下がる・上がって別の道へという縦方向の移動もできるようにしておきましょう。

　高所の渡り通路は基本的に行き止まりになっていないことも大切です。高い場所の通路で行き止まりがあると、追いつめられてそこから飛び降りるという行動につながります。猫の渡り通路は、人の日常活動の妨げにならない位置、つまり、梁であるとか人の頭がぶつからない場所となり、必然的に高さ2m以上の場所につくること

通路には、上下左右にすれ違うためのポイントがほしい

が多くなります。若く元気な猫なら、そんな場所からのジャンプもヘッチャラに見えます。しかし、猫が飛び降りるときは、降りる位置と高さをよく見るといったていねいな確認作業をおこなってから飛び降ります。時間も体勢も必要なのです。慌てて飛び降りたのではちょっと心配です。

ですから、高い渡り通路には上り下りの通路は両端にあるような状態にしておきましょう。追いかけっこで行き止まりに追いつめられ、仕方なく飛び降りるといった事態を回避でき安心です。猫にだって二方向避難は重要なのです。

猫アスレチックは立体的な回遊ルートとなるように

二方向の上り下り通路は、安全対策だけでなく猫アスレチックの空間倍増装置としての機能を十分発揮させるための必須アイテムです。通路の両端にキャットタワーなどの上り下り設備があれば、立体的な回遊ルートが成り立ちます。空間変化を楽しむ魅力的なアイテムとして猫はアスレチック全体を有効活用してくれるでしょう。

.... さらに ....

キャットタワーをつくるなら

猫は一つの空間を様々に方向を変えて見せてくれるらせん階段が大好きです。しかし、それも人のサイズにつくってある場合です。

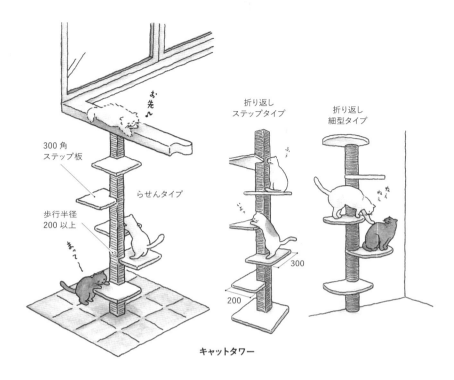

キャットタワー

　柱を利用して、柱にステップ板を付けるような形のキャットタワーが人気のようですが、150角程度の柱をらせん状に旋回するように上り下りするのは、猫には少し面倒な通路です。猫にも大きな回転半径が必要です。らせん状に上るには猫の歩行半径が200mmは最低でもほしいところでしょう。そして、ステップ板は体勢を整えたり、向きを変えたりできるだけのサイズがあるといいです。日本の一般的な猫の場合、200mm × 300mmとるように私はしています。

　また、垂直に近いものは下りるのに時間がかかります。急いで下りるのには向かない通路です。

　そのため、元気なコだと飛び降りてしまいがちです。ハンディがあるコや、高齢になってくると着地を失敗することもあります。キャットウォークのような高い場所への通路がある、アスレチックを

設ける場合、水平移動の階段状の通路は必ず併設しましょう。安心して快調なステップで降りることができます。

　急いでも安全に下りられる通路を二方向というのが基本で、よじのぼり柱のような垂直移動の通路はプラスアイテムぐらいに理解しておくべきでしょう。

上り下りは猫にとってマーキングポイント
　上り下りをする場所は、猫にとって部屋の出入り口と意味は同じです。自分の場所であるというマーキングの意味の爪とぎをここに併設しておくと、喜んでもらえます。

　タワーの芯になる柱に麻布や縄を巻くとよいのですが、爪とぎで破壊されていきますし、巻いた物は時間がたつとゆるんできたりするため、取り替えや締め直しが必要になるので注意しましょう。

Q11 せっかくのキャットアスレチックを使ってくれません……

キャットアスレチックをつくったのに、使ってくれません。階段の吹き抜けに、猫が上がれるような段状の棚をつくり、梁を渡して猫用の通路としました。よじのぼれるタワーなどもあります。いったいなにが足りないのでしょう？

A

猫が喜んでくれると思ってつくった猫用の階段状の棚やよじのぼり柱、梁を利用した高所の通路、市販のゴージャスで素敵なキャットタワー。なのに、猫は全然使わない……という落胆の声が聞かれることは、実は少なくありません。大人になって落ち着いてきた猫や、とくに1匹飼育の場合に多いようです。

これは、「猫は木のぼりが得意」という誤解をしたまま、タワーや専用通路の設置をしているからではないかと思われます。

そもそも、猫は樹上生活動物ではありませんから、木をイメージしたものであればよいわけではありません。木や屋根のような場所に上がるには、猫なりの理由があるのです。理由とは、獲物が下を通るのを待ち伏せするためと、自分を襲う相手から隠れ、かつ監視するために見晴らしのよい場所を求めているからです。ですから、猫同士の上下関係や緊張感もなく1匹で室内で安全にくらしていれば、高い場所に上がる必要がそうあるわけではありません。

必要性からではなく楽しむために使えるような、猫に魅力的なキャットタワーや通路は、そこに上がると家具の上に移りやすいとか、窓から外が眺められるなどの楽しい仕掛けや意味がある場所です。

足元がぐらついて不安定なものも好まれません。

運動不足の解消と心の健康のために、猫にとって安全で魅力的なものをつくってあげましょう。

ちなみに

事故防止の寸法

猫は爪の形が半月状に鋭いので垂直によじのぼれますが、高い場所から垂直に下りることは苦手です。落下事故も多く報告されていますので、90cm以上の高さからはスロープを併用するか家具を階段状に組み合わせてあげましょう。

通路はすべり止めを付けるなどした状態が望ましく、幅は15cm以上。寝そべることのできる踊り場は幅40cm、奥行き30cmを確保しましょう（キャットタワーのステップ板のサイズは106ページ参照）。

12 猫用アスレチックの空間をつくったら、人とのかかわりが減った?

猫用アスレチックの空間をつくったのですが、運動量が増えた代わりに、家庭内で野良化したみたいに、あまり人とかかわらなくなってしまいました。猫たちが喜んでいるなら、とは思いつつ、ちょっと寂しいです。

よかれと思ってつくったのに、寂しく感じますね。家族とのかかわりが空間内に上手につくり出せているか、見直してみてはいかがでしょう。

大人になっても、仔猫気分で甘え、遊びに誘ってくる猫たちですが、犬ほどには人への依存度は高くありません。また、小さな猫にとっては、人はやたら大きな動物です。襲われないのはわかっていますが、その大きさでの立ち居振る舞いに驚かされることも多いのです。人は大好きな家族であっても、生活空間を密に共有するのは、ちょっと戸惑いも感じる相手です。もともと野良猫（飼い主のいない外猫）を保護した場合、この戸惑いはもっと大きくなります。

戸惑ってはいますが、自分を大切にしてくれる家族とかかわりたいので、猫も勇気を出して自分から歩み寄ってきます。性格が繊細であったりすると、近づくには少々勇気が必要です。失敗してしまうと、さらに接触に臆病になってしまうおそれがあります。

立ち止まりポイントで触れ合いを設ける

猫の人とかかわりたいという前向きな思いをくじかず、交流を失敗させないためには、猫の目線と距離感で人に近寄れる工夫をしてあげましょう。たとえば、猫の通路や階段で、家族が集って座っている場所が見下ろせるようなところに、人とかかわるための立ち止

まりポイントをつくってあげるなどです。

立ち止まりポイントは、ぐっと人に近寄れる場所ですが、怖ければすっと離れることもできる位置です。猫の通路が人の通路と交差するところや、人のくつろぐソファーや作業デスクの横に並べるようなポイントをつくれば、猫に喜ばれるでしょう。寝そべったりで

きるサイズである必要があります。人の座る場所や通る場所を考えながら、猫の気持ちになって距離や高さでバリエーションをつけるとよいでしょう。猫によって距離感は違います。また、そのときの気分によって人との距離を変えてきます。人が焦って無理に近づいたり手を伸ばしたりせず、そのコのペースを尊重し、猫の積極性を

立ち止まりポイント

そがないように注意しましょう。猫からの小さな挨拶や触れ合いで、猫にも人にもぐっと楽しく豊かな住まいにできるはずです。

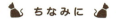
ちなみに

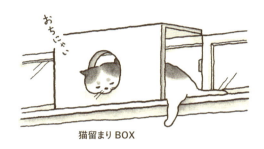
猫留まりBOX

猫には高い場所に隠れ家ポイントを

猫は犬と違って、高さで自分のプライベートエリアとそれを取り巻く緩衝空間をとります。長いキャットウォークや、リビングのソファーが見下ろせる場所には、私は「猫留まりBOX」と呼ぶ箱状の立ち止まりポイントをつくっています。大人の猫が体を隠せるようなサイズで、ちょうど猫の顎がのせられるような穴をあけた箱形状にすると、より隠れ家効果が得られて喜ばれるようです。

家猫では、通路上で寝そべっていて、寝返りでずり落ちてしまった、という少しお間抜けな事故報告もよくあるのですが、箱が転び止めのような役目もするので、ゆっくりくつろぎたいときに猫には便利です。箱の中で穴からのんびり顔を出している様子は可愛くて、人の満足度も上がります。

Q 13
運動量が増えたのはよかったけど、大騒動になるようになった……

元気に走りまわるのはいいけど、スイッチが入ったように運動会のような大騒ぎになってしまいます。マンションなので、ご近所に響いていないか気になります。

A 元気に運動してくれるのはうれしいですが、ステップの上り下りでドカドカ大きな音が出るのは、とくに夜間は気になりますね。猫なのに、そっと歩くことを忘れてしまったように、ドカッと音を立てて下りるのは、丸顔でフレンドリーな猫に多いように思います。

マンションの界壁に猫アスレチックをつくった場合など、隣や上下の部屋への配慮が必要になります。そのためには、まず猫を興奮させすぎないようにすることです。

……………………… 🐱 ちなみに 🐱 ………………………

一直線に走らせないように折り返す

猫の通路を、一方向に長くせず、適度な場所で折り返すというのも、テンションをおさえるコツです。たとえば、床からキャットウォークへ上がる階段は、中断で折り返すとか、90度向きを変えるなどです。

上下移動の途中で方向を変えるのは、一つの空間を多角的に猫に見

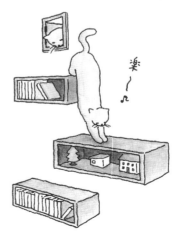

向きを変えて上る「BOX型ステップ」

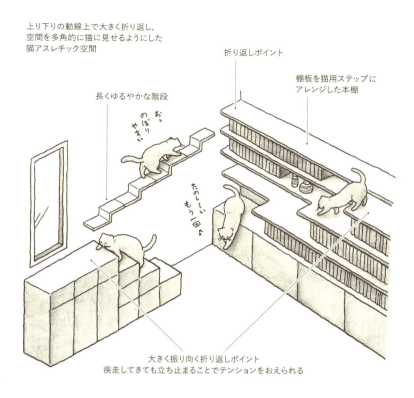

せてあげることになり、猫に空間への刺激を増やしてあげることにもつながります。

.... **さらに** ....

猫留まりBOXが通路の仕切りポイントにもなる

　広いリビングで長いキャットウォークができたときは、先の「猫留まりBOX」を適度に配置すると、全速力で走ってきた猫も、そこで少しスピードを落とす様子が見られます。通路を歩いてくる猫にとっては、トンネル形状なのですが、猫にとっても通路のリズム

3章　犬・猫のくらしQ&A

が変わるポイントとして認識し、その箱を活用してほかの猫や人と遊ぶ姿も見られます。

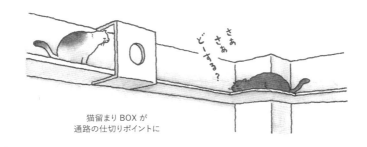

猫留まりBOXが
通路の仕切りポイントに

Q14 キャットウォークの床の一部を透明なガラスにしたら、猫が歩きません

猫通路が透明なら猫が下を通る人を覗けるし、人も猫の裏側や肉球が見えて面白いだろうと思ったのですが、猫がさけて歩いてしまいます……。

A　最近の猫カフェなどでは、猫の動きを人が楽しむことに重きを置いたプランニングがなされていますが、その工夫の中に、猫のお腹や足の裏側を見るという目的のために、猫の走行路をガラスやアクリル板などの透明な素材で構成するというものがあります。下から見る猫というのは意外性があり、透明な猫通路は人にとって遊び心を刺激されます。飼い主も、自宅にこういったカフェを参考にして透明のキャットウォークを取り入れることもあるようです。

　しかし、透明な床を認識するのは猫にはむずかしいのです。猫は、

視力だけでなく、顔や前足にあるヒゲセンサーのような感覚器官でもものを判断していますから、時間をかければ慣れて透明な面にも床があることを認識して歩くようにはなるでしょう。しかし、そっと歩くなどの様子も見られ、猫にとってなにかしらの負担があるのも確かです。

強化ガラスの棚をキャットウォークに使用していた事例では、蹴り込むような走りをするとき、爪も当たるようで、すべっている様子も見られました。それに強化ガラスとはいっても、なにかの拍子に割れることもあります。ガラスなど割れて飛散するものを高い場所に置かないというのは、防災の観点からも大切なことでしょう。

人の遊び心をくみ入れたデザインは素敵ですが、猫の通路には、猫の歩行の安全性や快適性が阻害されるようなものはさけてあげたいものです。

ちなみに

猫の歩く床もすべりにくさは大切

家具を組み合わせて猫の通路とした場合、注意したいのは、通常の什器の水平面は、美観や手触り、清掃性などをよくするために磨かれた木材や樹脂・金属素材が用いられていることが多く、一般的にすべりやすい状態であることです。猫が棚にジャンプするときの動きを観察したところ、飛び上がったと当時に前方への力も働くので、肉球でのグリップや爪の引っかかりがないと、すべってしまって、体勢を崩す状態が見られました。

猫が大きなジャンプで飛び上がるような場所には、すべりによる事故防止のために、しっかりすべり止めの処置をしておきましょう。

猫用ベッドスペース

好奇心をそそる猫用
覗き窓があるとアスレチックを
上り下りするようになって、
運動不足も無事解消

よっ

がー

猫用よじのぼり柱には
麻縄などを巻き付けて
上りやすく。爪とぎにも
使えます

コラム 06

猫がテラスで遊べるプラン

完全室内飼育の猫でも
庭やテラスを囲ってあげると
外で安全に遊ばせることができます。
リビングにも猫がくつろげたり
運動できるスペースを
つくってあげましょう。

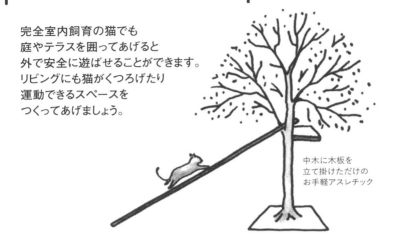

中木に木板を
立て掛けただけの
お手軽アスレチック

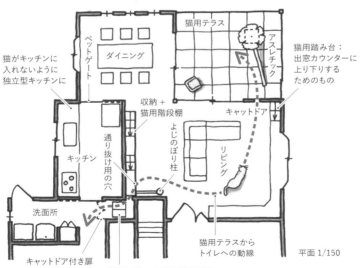

猫がキッチンに入れないように独立型キッチンに

猫用踏み台：出窓カウンターに上り下りするためのもの

猫用テラスからトイレへの動線

猫用トイレ：上部は猫用収納

平面 1/150

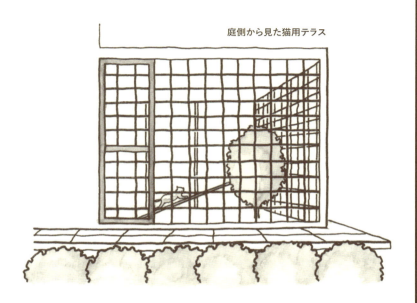

庭側から見た猫用テラス

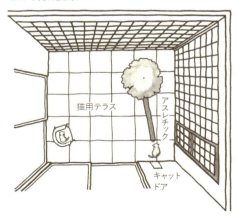

上から見た猫用テラス

猫用テラス　アスレチック　キャットドア

● テラスの中には上下運動ができるアスレチックを用意します。

● p.106 のらせんタイプのキャットタワーも楽しい。

● 猫用テラスには、猫の上りにくいピッチの格子やネットを壁状に立ち上げて猫がテラスから出られないようにします。

家具・収納関係

Q 15
食卓のまわりを犬が走りまわって困るのです……

3歳になるコッカー・スパニエルですが、いまだに落ち着きがなくて困っています。お客様がみえていると、その興奮度合いも高く、いつまでも私たちのいる座卓のまわりを走りまわっているのです。食卓（同じく座卓）にのっている食べ物に手を出そうとしたりもするので、食事中もゆっくりできません。

A
犬は飼い主の注目を引こうと、つねに飼い主を見ています。ですから、おとなしくしていてほしいのならば、だんらんしているまわりをグルグルとまわっていても視線を合わせないことです。「静かにして」と飼い主が怒って声をかけてしまうと、興奮をあおっていることになり逆効果です。静かにしたときにほめてあげれば、静かにしているのが正しいことと、犬にもわかるようになります。

今回の問題は食卓の高さでしょう。座卓では人の目線が低すぎます。この状態では、いくら無視しようとしても、真横で犬が走りまわっていれば人も反射的に反応してしまいます。犬にしてみれば、それは間接的にかまってもらっていることになります。

そして、家族の食卓は、犬には大変な誘惑でもあります。群れが食事をしているのですから、家族と同じ群れの仲間である自分も同じものを食べたいのです。しかし、ほしがられても、人間の食べ物は栄養価が違うので分け与えるわけにはいきません。しかし、食卓が前足をのせられる高さであれば、犬は誘惑に負けて思わず足をの

せてしまいます。飼い主はそれを怒ることになりますから、叱られる回数が増えてしまい、いい影響を与えず、しつけもしづらい状態になってしまうのです。

食卓の高さを見直す

　食卓は、犬には食卓の上が見えず、かつ席に着いている人と床を歩いている犬の視線の高さが近くないこと。つまり、椅子に腰掛けて食事する椅子式の70cm以上の高さのテーブルを使うのが望ましいといえます。

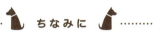
ちなみに

サークルに入っていてもらう

　それでもどうしても落ち着かないという場合には、トレーニングを組み合わせましょう。

　一つには、人の食事中は犬をサークルに入れておく、という方法。単に閉じ込めたのでは、サークルが嫌いになってしまうのでよくありません。待っていてもらうためには、ご褒美のときにもらえるような大好きなオモチャやおやつを与えることで、犬は楽しくすごせます。

　そのほか、トレーナーさんがいろいろな方法を知っているので相談してみましょう。

Q 16
ゴミ箱をイタズラするので困ります……

ウチの犬も猫も、ゴミ箱にやたらと興味があるみたいで、イタズラするので困っています。蓋付きのゴミ箱にもしてみましたが、すぐにひっくり返してしまいます。

A
ゴミ箱は、犬や猫にとってはオモチャ箱のようなものです。箱・入れ物という形状自体が好奇心をそそるので、中を確認したくなるのです。しかし、口に入れると危険なものも入っているので、無防備に放置しておくのは問題です。

「見せない」「触らせない」の基本

倒せない、覗き込めない大きさや形状もありますが、まずは触ってほしくないものは「見せない」「触らせない」ことが基本です。

収納の中にゴミ箱を組み込んでしまうのがお勧めです。室内もすっきりします。

ゴミの入れ口は犬や猫の頭が入らない大きさの開口に設定します。小型犬や猫では幅8cm以下が目安です。

また、カウンター収納に組み入れるとき、カウンター天板に開口を付けることができますが、猫の場合はカウンターの上にのることもあり、中に入ったりして危険ですので天板ではなく扉や側板に開口を設けましょう。

ゴミ箱を「見せない」「触らせない」ためには収納の中に組み込んでしまうのがお勧めです

ちなみに

把手は爪を引っかけにくいものに

　把手がヨコ棒のものや上部に手をかけて開けるような扉だと、犬や猫が足先を引っかけやすく簡単に開いてしまったりします。把手をタテ型にするか、ツマミなどになっていると開けにくくなります。

Q17 足拭き台から落っこちてしまいます……

　ウチのコはパピヨンですが、散歩から帰ってきて足を拭くとき、下駄箱の上にのせています。でも、どうしてもその上で落ち着いてくれません。一度などは、暴れて床に落ちてしまったこともあります。

A

　靴を脱いで家に上がる住環境の日本では、お散歩から帰ってきたら犬の足もしっかりキレイにしてあげたいもの。しかし足先はデリケートにできています。毎回濡らして洗うのはやりすぎで、体にも負担がかかってしまいます（58ページ参照）。毎日のお散歩で道路を歩いてきた程度であれば、しっかり絞ったキレイな濡れタオルでていねいに拭く程度にしておきましょう。

　ただ、犬は足先を触られるのは、本当は苦手なのです。ですから、なかなかおとなしく拭かせてくれません。そこで、台にのせるという工夫を勧められることがあります。犬は高い場所が苦手ですから、下駄箱のような高い台にのせると基本的にはおとなしくなります。しかし、おとなしくなるのは「怖い」という緊張からで、逆に落ち着かずバタバタしてしまうコも少なくありません。危険防止のため

には、落ち着きを失ったときにも足をすべらせないよう、台の上にすべり止めを付けるなどの処置が必要になります。

足拭き用の台の奥行きと高さ

まず、足拭き用の台の奥行きは、壁に背を向けて楽にオスワリができるくらい。パピヨン程度の小型犬なら40cm以上あると安心です。台の上のすべり止めには、ラバーやカーペット状のものがお勧めです。

台の高さは、飼い主が立って作業する場合は、飼い主の胸の位置に犬の胴がくる高さが使いやすいので、パピヨン程度の小型犬では80〜100cmぐらいとなります。

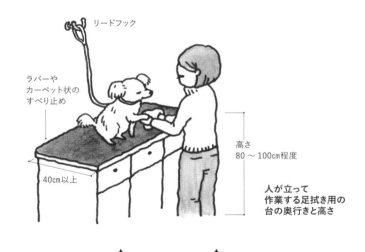

人が立って作業する足拭き用の台の奥行きと高さ

ちなみに

ゆっくりていねいに足を拭くために

人が腰を下ろして作業できるようなスタイルにすれば、ゆっくりていねいに足を拭くことができます。犬をのせる台を低めに設定で

犬の足を拭くために
人が腰を下ろす
スタイルの場合

リードフック

ラバーや
カーペット状の
すべり止め

スツール

きるという利点もあります。中型犬や大型犬を台にのせるのは大変ですし、小型犬の場合でも、低い台にすればより安全でしょう。

さらに動きまわるのを制御するために、リードを引っかけておけるリードフックを設けておくと、落下防止にもなります。

Q18 猫に出窓の下壁を汚されてしまいます……

14歳になるウチの猫は、出窓から外を眺めるのが日課です。最近、その窓の下壁が汚れてきたことに気がつきました。上るときにどうも壁を蹴っているようなのです。爪で傷付けられているわけではありませんが、すったような汚れが気になります。

A

犬や猫も老化で脚力が弱くなってくるものです。今まで軽々ジャンプできていた場所でも一気には上れなくなり、ご相談のように壁を一蹴りして、ということが増えてきま

す。そこで踏み台のようなものを設けてあげると上り下りの安全確保もできます。

踏み台をつくろう

　平均的サイズの成猫で、ジャンプが必要となる段差は40cm程度からです。猫にとって上り下りしやすい段の高さは30cm以下です。その寸法をもとに、飛び上がる高さから必要な段数を割り出して、窓際に踏み台をそえてあげましょう。

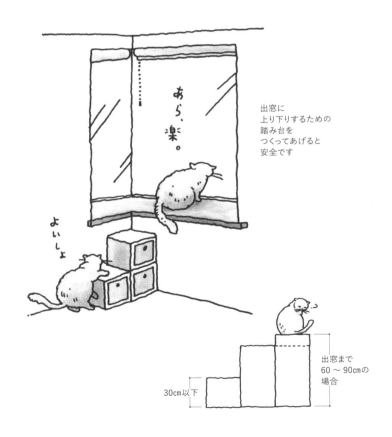

出窓に
上り下りするための
踏み台を
つくってあげると
安全です

30cm以下

出窓まで
60〜90cmの
場合

コラム 07
犬の足拭きスペースを充実させた玄関まわりのプラン

とくに犬の足洗い用の流し場を玄関前に設置した場合には、しっかりと足拭きできるスペースを設けてあげましょう。

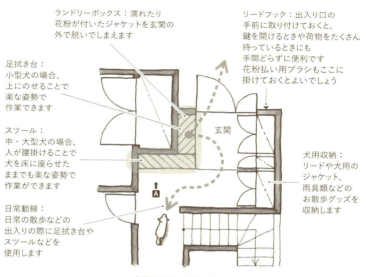

ランドリーボックス：濡れたり花粉が付いたジャケットを玄関の外で脱いでしまえます

リードフック：出入り口の手前に取り付けておくと、鍵を開けるときや荷物をたくさん持っているときにも手間どらずに便利です
花粉払い用ブラシもここに掛けておくとよいでしょう

足拭き台：
小型犬の場合、上にのせることで楽な姿勢で作業できます

スツール：
中・大型犬の場合、人が腰掛けることで犬を床に座らせたままでも楽な姿勢で作業ができます

犬用収納：
リードや犬用のジャケット、雨具類などのお散歩グッズを収納します

日常動線：
日常の散歩などの出入りの際に足拭き台やスツールなどを使用します

玄関まわり　平面 1/100

Aから見た小型犬用の足拭き台と人が腰掛けて作業するためのスツール。スツールは中・大型犬の場合だけでなく小型犬を台にのせているときに使っても楽です。また台やスツールの内部を収納にすると便利です。

19
どんな"面白い"という評判のオモチャも、ウチのコ、すぐあきてしまうのです

退屈させないよう与えていたら、オモチャが増えてしまいました。ジャケットもいつの間にか増えて、気がつくとペット用品があふれています。

　犬や猫がひとりで遊べる頭を使うタイプの面白いオモチャは、留守番のときに退屈させないということだけでなく、頭のトレーニングとしても期待できます。しかし、すぐあきちゃって数ばかりが増えてしまった、というのは、ひとりで留守番させることが多いという犬の飼い主に多い悩みですが、犬だけでなく猫にもよくある相談です。特別そのコが"あき症"というわけではありません。無駄に数を増やさないためには、オモチャの遊び方や与え方を見直す必要があります。

　どんなに美味しいおやつでも、毎日食べていればあきてしまうのと同じです。オモチャにもランクを付けて、特別に面白いオモチャは特別なとき、つまりひとりで留守番のときなどにしか遊ばせないようにすることです。普段使いのお気に入りのオモチャも2セットぐらいに分け、1週間ごとに切り替えてあげるとあきにくくなります。

オモチャのランク付け

そして、大切なことは、オモチャを勝手に犬・猫が取り出せないように収納すること。遊びにも人がリーダーシップをとっていることが重要です。普段使いのオモチャは、人がサッと取りやすく、かつ、犬・猫には届きにくい人の腰の位置以上の高さに収納しましょう。引き出しなら低い位置にあっても犬・猫には開けにくそうですが、そうでもありません。そのため犬・猫の手の届く位置の収納は、勝手に開けられないよう、把手や引き手に配慮しましょう。爪をかけられるレバー式の把手や、指先で扉を軽く押すだけで開くプッシュラッチなどは、人だけでなく犬・猫にも開けやすいタイプです。

　ブラシなどのグルーミング用品や、主に口にくわえるオモチャは、収納している間に雑菌が繁殖しないように、衛生管理のために通気性のよい箱にセットごとに分けておきましょう。寝床への敷物も洗濯したり季節で変えたりするとよいので、こういったものの収納場所も確保しておくべきです。さらに収納内部は通気をよくしておく必要があります。

犬・猫用クローゼットも用意する

　動物のジャケットなどは人の勝手なオシャレ心というだけでなく、機能面でも求められて増えていくことがあります。たとえば、高齢になると暑さ寒さに弱くなり、冬のお散歩がつらくなりますが、ジャケットでカバーするとか、公共の交通機関を使うときなどは、ジャケットを着せることにより抜け毛防止になり、周囲の方への配慮にもなります。また、季節のイベントの記念写真のために、一瞬しか着けないとわかっていながら、ついつい仮装用品を増やしてしまう、という家族の気持ちも理解できます。

　ジャケットはハンガーで収納すると便利ですが、人のクローゼットでは大きすぎます。また、人の収納とは分けておくほうが衛生的なので、専用のスペースを設けることをお勧めします。キレイに収

納ができていれば、機能性や衛生面からだけでなく、収納自体を楽しむことにもなるでしょう。

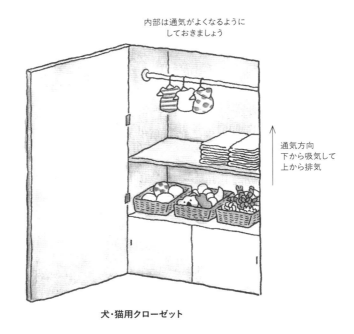

犬・猫用クローゼット

犬と猫がいる場合の食事の管理

Q20 猫のフードを犬が食べてしまうのです

コーギーと猫2匹を飼っているのですが、猫は少しずつ食事をするようで、犬がそれを残してあると思うのか食べてしまうのです。犬は肥満気味で食事制限したいのですが。

A

犬と猫を飼っているお宅では、食事の管理ができなくて困っているということは少なくありません。

犬と猫の必要栄養素は違いますが、食事の仕方にも大き

壁面収納を利用した犬と猫の生活空間分け

3章 犬・猫のくらしQ&A

な違いがあります。犬はあるときの一気食い、猫は少し食べては残し、という「むら食い」をします。これが食事のトラブルにつながってしまうことがあるのです。

　人はそれぞれのお皿にそれぞれのフードをあげているつもりでも、かれらにはその区別はつきません。猫の皿に残っているフードを犬が見つければ、「まだある」と食べてしまうわけです。これでは犬の栄養バランスも崩れ、個々の食事管理もできません。

　食は健康管理の基本。肥満や栄養バランスの偏りが病気へとつながりますので、家の中で犬と猫の両方を飼っている場合には、猫の食事場に犬を入らせないなど対処が必要です。

　猫の食事場を犬の届かない高い場所に設けると簡単です。犬は平面的にくらし、猫は空間を上下に使って立体的にくらすので、その特性を利用し、壁面収納にそれぞれ活動空間をつくってはいかがでしょう。腰高カウンターの下は収納にし、一部を犬のハウスを置くスペースにします。犬の使わない腰高カウンターの上空間を猫の遊び場にし、猫の食事場はカウンターの上に確保してあげます。カウンター上には、猫が上下運動をするための飾り棚などを配置すると楽しいでしょう。犬には猫のフードに届きにくく、猫としても犬に邪魔されず、自分のペースでゆっくり食事ができて安心です。

　猫の活動経路の途中、一息つけるところに水飲み場を置くのもお勧めです。猫は性質として水をあまり飲みませんが、しっかり給水しないと腎臓に負担をかけてしまいます。猫の目に付くところに水皿があるようにすると給水の機会が増えて健康的です。ただし、水をこぼしたりフード皿からこぼして食べることもあるので、掃除がしやすいように食器を置く場所は、腰高より低いことと、防水・撥水処理ができている状態であることが大切でしょう。トレーにフードと水皿を置くと既存の家具の上にも置けますが、その際は、トレーが動かないよう、すべり止めを施しましょう。

階段

21
勾配のゆるい階段をつくってあげたのに、それでも犬が腰を痛めてしまいました……

ミニチュア・ダックスフンドが2階へも自由に行けるようにと、階段の踏面を25cm、段の高さ（蹴上げ）を16cmとかなりゆるい勾配としたつもりです。それでも負担がかかったのか腰を痛めてしまいました。

中型犬・大型犬は大きな台を自由に上り下りできるので、段さえ低くしてあげれば、小型犬でも階段を使ってもだいじょうぶと思われがちです。しかし、1段のみの段差と階段では体の動かし方や見え方が全然違います。大型犬でも階段を下りるときにはかなりの恐怖を感じており、前傾姿勢による足腰への負担も大きいのです。

階段を上れるのに下りられない、という相談が多いのは、こういった精神的・肉体的負担に理由があるからです。立ち入り禁止などのしつけと組み合わせて、極力階段を使わせないようにするのが望ましいといえます。

階段の形状と寸法

どうしても使わざるを得ない場合は、直階段（折れや曲がりがなく、一直線状に上り下りする階段）の形状をさけ、ゆるめの勾配にします。

一般的な階段は、踏面（T:Tread）25cm、蹴上げ（R:Rise）18cm、

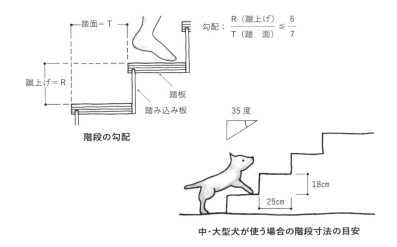

中・大型犬が使う場合の階段寸法の目安

階段勾配 6/7 以下、55cm ≦ 2R+T ≦ 65cm の式にあてはまるようにします。

　理想の勾配は 7/11 とされ、これにあてはめると蹴上げを 16cm とすれば踏面は 25cm となりますが、これでは一般的な階高の住宅では階段長さが 4m 以上と長くなりすぎて、現実的にはむずかしくなります。そして、これは人に歩きやすい規格であっても、犬にそのままあてはまるわけではありません。とくに小型犬では蹴上げを低くしてあげなくてはならないので、さらに長さが必要となってくるのです。下りるときの恐怖心をやわらげるためと、一息入れるために、踊り場を設ける必要もあります。そこで、折れ曲がり階段が面積的にもおさめやすく取り入れやすいのです。

　さらにミニチュア・ダックスフンドやウェルシュ・コーギーなどの胴長短足種になると、踏面が 25cm では下りだけでなく上りも厳しくなります。かれらは胴が長いために、1 段ずつ屈伸運動が必要になり、腰を痛める原因となるからです。踏面が 30cm 以上あると足の動きだけで上り下りが可能になるので、ミニチュア・ダックス

屈伸運動をしなくては
上がれない
階段は体に負担

フンドにとっては比較的楽になるでしょう。ただし、踏面が33cm以上になると、人にとっての使い勝手がわるくなってしまいます。

 ちなみに

スロープも考えて

犬種によって体に合った段差も異なるので、可能ならばスロープが併設できるとよいでしょう。勾配は35度以下にしましょう。

また、らせん階段や蹴込み板がないストリップ階段などは、デザイン性にはすぐれていますが、犬には恐怖感を与えてしまうので向いていません（猫の場合は逆に、らせん階段やストリップ階段が大好きです）。

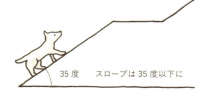

35度　スロープは35度以下に

ストリップ階段

3章　犬・猫のくらしQ&A

床

Q22 じょうぶなフローリングにしたら犬がすべるようになってしまいました……

1歳になったキャバリアの男のコがいます。床を走りまわるので、傷が付きにくいペット対応のフローリングにしました。ですが、どうもすべって逆にバタバタしているように感じます。

A キャバリア・キング・チャールズ・スパニエルは活動的な小型犬ですから、室内でもかなり動きまわる傾向があります。犬は猫と違って爪を引っ込めることができません。しかし、普段は足のパッド（足先の5つの小さいものを指球、中央は掌球といいますが、まとめて「肉球」や「パッド」とよぶことが多い）で床を踏みしめて歩いているので、表面が硬質で平滑な床でも、ある程度すべらずに歩くことができます。

しかし、早く動こうと足に力を入れるようなときにはそうはいきません。爪が硬い床にはじかれてしっかり蹴り込むことができませ

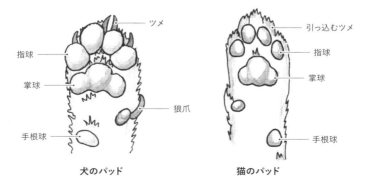

犬のパッド　　　　　猫のパッド

んから、すべりやすくなってしまうのです。

小型犬には脱臼のおそれがある犬種も多く、すべりやすい床は踏ん張れないことから、足だけでなく腰への負担も増えてきます。すべり止めのワックスを塗る方法もありますが、とくにキャバリアのような毛足が長い犬種はそれだけでは少し心配です。足のパッドのまわりの毛の手入れを少しでも怠ると、普段の歩行時からすべるようになってしまいます。

表面強化ばかりでなく、緩衝性も重視しよう

パッドのまわりに毛が多い犬種や、動きが多い小型犬種の場合、ただ単に表面強化をした硬い床ではなく、爪を立てると少しへこむぐらいの緩衝性があるもののほうが安全です。

それでも傷付きが気になってフローリングやタイルなどの硬質なものにしたい場合、硬質な床材でも、表面にザラつきや凹凸のあるものを選びましょう。パッドでその凹凸をとらえることですべりを防止できます。

ちなみに

カーペットを組み合わせる

欧米では床のすべりを気にするという話はあまりないそうです。おそらく、日本と欧米では大型犬と小型犬の飼育率がまったく正反対である（つまり、欧米では室内で走りまわることが比較的少ない大型犬の飼育率のほうが高い）、日本では屋外での運動量が少ない（そこで犬が家の中でも活動的になることが多くなる）など、いくつかの理由が挙げられると思います。その中でも、欧米では室内床を靴を履いていてもすべりにくく仕上げてあることが一番大きく関係しているように感じます。

広めの場所には
ラグや部分カーペットを
併用してあげると
すべりにくくなります

　硬質な床を使用していても、犬が早歩きをする廊下や動きまわれるような空間が多少広い場所などにはラグや部分カーペットを併用してみましょう。思いっきり走ってもすべらない場所があれば、すべりやすい床の上では犬も気をつけて歩くようになります。関節が成長する時期の仔犬や、パッドが乾いてくる老犬にはとくに重要です。

床のすべりの評価基準の
$C.S.R$値（すべり抵抗係数）と「$C.S.R・D'$」

　床材の性能には、耐傷性や撥水性、防滑性などが求められますが、防滑性については、床のすべりの評価基準が国で定められています。
　平成24年8月には、「高齢者、障害者等の円滑な移動等に配慮した建築設計標準」（バリアフリー新法）の改正により、床のすべりの評価基準は、「JIS A 1454に定める滑り性試験によって測定される$C.S.R$」と定められました[3]。すべり抵抗係数$C.S.R$（Coefficient of Slip Resistance）は、東京工業大学名誉教授の小野英哲博士が開発した床のすべり抵抗を表す物理量です。使用者のすべりに対する評価を数値化したうえで、評価とすべり抵抗との関係が明確に示されたものです。
　$C.S.R$が低ければすべりやすく、高ければすべりにくくなります。すべり抵抗係数$C.S.R'$とアポストロフィがついた場合、それは携帯器（ONO・PPSM）での測定値であることを表しますが、$C.S.R$

と同等に扱えるすべり抵抗係数です。

横山裕教授（東京工業大学大学院）の研究チームは、ONO・PPSMを改良し、$C.S.R・D'$（$C.S.R'$ for Dog）という犬のすべりの物理量を提示しました[4]。ペット用床材として提供される床材では、すべりの安全性を数値で示すために、人のためのすべり抵抗係数$C.S.R$値と並べて、$C.S.R・D'$値を明示するものも増えています。

床材を選択する場合は、感覚的なものだけでなく、こういった物理指標を目安にするとわかりやすいですね。

建材の機能・性能について

建材には、それぞれ機能・性能が表示されています。臭気対策など、ペットとくらすときには、とくに重要視されるものがあるはずです。どういった性能表示があるのか、日本建築学会のワーキンググループで調査をしています[2]。どういった機能・性能があるのか知ることは、建材を選ぶときに参考になるでしょう。

- **壁・天井材における機能・性能表示** 壁や天井に使われる仕上げ建材は、クロス（壁紙）、左官材、ボード類、その他（シート・腰壁・塗料など）で調査しています。
- **ペット対応床製品（屋内）の性能評価** 屋内床に使用される仕上げ建材は、フローリング、カーペット、ビニル系床材（クッションフロアなど）で調査しています。

3）国土交通省編『高齢者、障害者等の円滑な移動等に配慮した建築設計標準（平成24年改訂版）』人にやさしい建築・住宅推進協議会、2012
4）横山裕、横井健、小川慧、小野英哲「すべりの測定方法の提示、ペットの安全性からみた床すべりの評価方法（その1）」日本建築学会構造系論文集 第73巻 第624号、pp189-196、2008

壁・天井材の機能と性能[2]

機能・性能	ペット・生活臭の消臭	硫化水素 アンモニア メチルメルカプタン トリメチルアミン イソ吉草酸 タバコ臭 消臭付加機能
	VOCの吸着・分解	ホルムアルデヒド トルエン キシレン スチレン 蟻酸・酢酸
	調湿	通気性 吸放湿
	カビ繁殖抑制	−
	抗菌	−
	防汚	汚れ防止
	表面強化	撥水 ペット爪 擦り傷 耐衝撃傷
	吸音	−
	マイナスイオン発生	−
	帯電防止	−
	防火性能	−

ペット対応床仕上げ材の性能[2]

耐外力	耐動荷重性、耐静荷重性、耐摩耗性、耐歩行、重歩行、耐車椅子、耐キャスター、耐へこみ、耐へたり性、耐引っかき傷、耐すり傷、耐たばこ痕、耐候性、耐ひび割れ、耐薬品性、耐汚性、撥水・耐水
安全性	すべり、防炎、かたさ
居住性	床衝撃音遮断性・遮音性、防音、制電・帯電防止性、抗菌性、防臭・消臭、防カビ性、防虫・防ダニ性、ホルムアルデヒド対策、結露解消度、熱伝導率、感触
機能	電気カーペット・床暖房対応

Q23 毎回同じ場所にオシッコを失敗してしまいます……

ダックスフンドなのですが、フローリングの床にオシッコをしてしまって困っています。それも毎回同じ場所なのです。トレーニングしてもうまくいかず、また同じ場所に粗相をしてしまいます。フローリングがトイレだと覚え込んでしまっているのでしょうか？

A
同じ場所ということですから、単にトイレを失敗しているのではなく、「その場所」に排泄を誘うものがあるようです。場所の選択にはにおいも大きく関係しています。その場所の感触が土の感触に似ていなくても、オシッコのにおいがする場所を、「排泄ポイント」と認識しやすいのです。

フローリングに粗相をしてしまった場合、しみ込まないうちに手早く拭きとっても、目地などににおいがわずかに残ることがあり、それが繰り返しその場所に排泄する原因となります。

同じ場所に繰り返し排泄し、床材の奥にしみ込んでしまった場合は消臭しきれませんから、張り替えなくてはなりません。

目地の少ない床材を選ぼう

目地には細かなホコリが残りやすく、においの発生やダニなどの繁殖のポイントにもなります。できるだけ目地の少ない床材を選ぶのがよいでしょう。

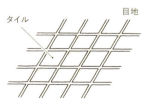

タイルの目地

フローリングの目地

ヨダレがたれやすい犬種や仔犬・仔猫、老犬・老猫がいる場合、ヨダレや食べ物の吐き戻し、トイレに間に合わなくての粗相が増えますので、ワックスをまめにかけて撥水効果をもたせることが必要です。目地ごとのコーティング仕上げで、床材だけでなく目地もあわせて表面強化や撥水効果をもたせることも可能です。タイルならば、目地材自体に防汚・耐傷強化タイプがあります。

　ワックスもコーティングも、表面に樹脂で被膜をつくって床材を保護するものです。

ワックスの注意点

　ワックスには作用蜜蝋などの天然樹脂やアクリル樹脂をはじめとした合成樹脂など、様々な種類があります。歴史が古いために管理方法も確立されており、塗り直しなどのメンテナンスがしやすく、コスト的にも低いのが利点です。しかし、その多くが水やアルカリに弱く、日常の清掃の基本は乾拭きで、汚れがひどい場合はしっかり絞った水拭きです。液体をこぼしたまま放置すると白化や剥がれがおき、床材への保護効果が落ちてしまいます。

　また尿は放置しているとアンモニアが発生しますが、アンモニアはアルカリ性です。トイレ周辺など、尿のこぼれや消臭・除菌の薬剤が使用される場所では、注意が必要です。

　日々のお手入れでは、ワックスがけをする前に、しっかり汚れを除去しておくことも、美観を維持するには大切です。

　また、近年は防滑性のあるワックスフリーの表面加工をした床材がありますが、そういった床にワックスをかけてしまうと、その表面加工の機能が失われて逆効果です。製品によってメンテナンス方法が違いますので、正しいお手入れをしましょう。

コーティング

　傷が付きにくく、耐水性や耐薬品性をうたう、高耐久のコーティングが近年では人気があります。

　比較的新しい技術で、成分が有機系（アクリル樹脂、ウレタン樹脂、シリコーン樹脂、フッ素樹脂など）と無機系（セラミック、ガラス）に分けられ、浸透型か塗膜型かなどの違いもあり、性能も機能も様々です。耐久年数も、1年から10年以上と、製品によって大きく違っています。

　高齢者の犬・猫とのくらしを見ると、消毒やにおい消しでの薬剤使用が考えられますから、耐すり傷・防滑性・耐薬品性の高いものが望ましいでしょう。

　ワックスに比べると耐久性は高いですが、施工には技術が必要で、コストも高くなります。先にワックスやコーティングがされていれば、それを完全に除去しなくてはなりません。コーティングは、床に透明な塗装をするようなものと考えると近いでしょう。

　また、コーティングは光沢が強いものが多く、風合いや美観で好みが分かれるところです。重視するものが、すべりにくさなのか、爪傷を目立たせないことなのか、ともかく床を傷付けたくないのかによっても選択が変わってくるので、機能・性能をよく比較して選びましょう。

　高耐久ではあっても、まったく傷が付かないわけではなく、それなりに経年劣化はおこります。また、表面硬度があるものほど、室内の温度や湿度の変化による床材の膨張や収縮に追いつかず、ひび割れることもあります。とくに目地は床材の伸縮の調整をしている部位なので、亀裂が入りやすいところです。床暖房を活用していると要注意ですから、高耐久だからと過信をしないことが大切でしょう。

同じ木質系のフローリングでも、施工できる床材とそうでない床材があります。

　施工不良や性能不足でトラブルがよく報告されています。塗り直しや、部分補修がむずかしいものが多いので、トラブル防止のためには施工者と事前確認をしっかりしておきましょう。

 ちなみに

洗えるタイルカーペット

　ラグの上にオシッコをしてしまう場合があります。足触りが柔らかく、オシッコをしたときに跳ね返りがなくて気持ちがよいからです。トイレトレーニング中は失敗も多いので簡単に洗えるものや、部分的に剥がしてメンテナンスできるタイル状のカーペットがお勧めです。

　水飲みトレーまわりの水をこぼすおそれがある場所や、トイレトレーニング中の仔犬や老犬の活動場所で使用すると、床へのオシッコのしみ込みを防ぎ、さらにすべりによる関節の負担も減らしてあげることができます。

目地に残るにおいが排泄を誘ってしまいます

Q24
トイレを覚えてくれません……

保護犬を引き取りました。ミックスでもう成犬です。トイレトレーも大きなものを用意したのですが、なかなかトイレを覚えず、カーペット敷きなので掃除が大変です。成犬だとトイレのしつけはむずかしいのでしょうか。

A
成犬でもトイレトレーニングはできます。仔犬と同じく、お家に迎えたら居場所の制限をして、その家のルールを覚えるまで、サークル内で過ごさせることが学習には必要です。

また、犬の生活活動空間となる部屋の全体が、カーペット敷きのときに、このようなトラブルはよく見られます。犬・猫は排泄場所を足触りでも選んでいます。カーペットとトイレシートでは感触が似ているので間違えやすいのです。

すべり防止や、汚れ防止にラグやカーペットを敷く場合でも、トイレトレーニング中のサークル内は敷き込みをさけ、犬の理解の妨げにならないよう、配慮しましょう。

Q25
犬が床を掘ってしまいます……

3歳になるビーグルですが、家の中の床を掘る癖があって、困っています。フローリングは下地が見えるほど掘られてしまったし、カーペットをフローリングの上に敷いてもそれも掘ってしまいます。石やタイルとか、すごく硬い床にしないといけないのでしょうか?

穴を掘るのが
大好きなコもいます

　Ａフローリングや目地の多いものはにおいが残りやすく、その場所を気にした引っかきを誘引している場合があります。タイルにも目地はあるので、目地を撥水性のものにしたうえで、定期的なワックスがけも必要です。

　犬には穴を掘る欲求の強い性格のコも少なくないので、そういったコの場合、においが残っていると掘ってしまいます。

床対策だけでなく、 庭まわりも充実させよう！

　犬には、穴を掘るのが大好きなコが多いものです。大好きなことは、楽しく思いっきりやらせてあげて、一緒に喜んであげると、穴を掘っても飼い主がほめてはくれない場所、つまり「やってほしくない場所」ではやらなくなります（庭でできる工夫は183 〜 184ページ参照）。

Q26 コルク床は爪傷に弱くて、シミも付きやすいのでしょうか……

バーニーズ・マウンテン・ドッグがいます。コルク床がすべらなくて犬にやさしいと聞きましたが、爪でえぐれてしまうし、ヨダレのシミが付いてしまってとれないのです。

A 大型犬種では、床にすべり防止の対策をとることと緩衝性をもたせることは、とくに成長期において足関節の負担を減らすうえで重要です。コルク床は緩衝性にすぐれている点以外にも、床の温度の上下変動の幅が少ないために足の裏が触れても冷たいと感じにくく、暖房に頼らなくてすむなど利点が多いのでお勧めです。しかし、すべりやシミに関しては、その表面仕上げで使い勝手は大きく左右されてきます。

コルク床といっても、表面仕上げには「無塗装」「ワックス・樹脂」「ウレタン」「セラミック」などいろいろな種類があります。一般に表面仕上げがじょうぶになるほど硬質になり、防滑性は落ちてくるので注意が必要です。

もともと床材にするコルクは、コルク樫の厚皮からコルク栓をとった後の残りカスなどのチップ状の屑コルクを固めたものでつくられており、無塗装であっても水のしみ込みの少ない素材です。しかし、無塗装では表面のシミまでは防げませんから、ワックス塗装仕上げ以上にしておきましょう。

大型犬の関節への負担を減らしたい場合は、ある程度の緩衝性をもった表面仕上げを選ぶとよいでしょう。蹴ったときに爪をはじきすぎないくらいが目安です。

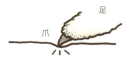

爪をはじきすぎない緩衝性のある床

3章 犬・猫のくらしQ&A

ちなみに

緩衝性を優先したい場合

　体重の軽い小型犬種の場合は、表面仕上げがじょうぶ（硬質）になるほどコルクのもつ緩衝性のメリットをより受けにくくなります。選択の基準を194〜197ページの表にまとめたので参考にしてください。

　緩衝性を優先する場合は、メンテナンスで研磨を掛けられる、厚みのあるものにしたり、外部・浴室用のコルクブロックを使うという選択肢もあります。外部用のコルクブロックは、色が濃いものが多くシミが目立ちません。

27 タイルは掃除がしやすいのですが、体は冷えるのでしょうか……

8歳になるラブラドール・レトリーバーがいます。細かい抜け毛が多いので、掃除がしやすく、すべりにくいようにと床を全部タイルにしました。最近、高齢になったためかアレルギーの傾向が出はじめ、食事制限が必要になりました。床のタイルは冷えに影響するのでしょうか？

犬や猫は体温調節を腹部でおこなっています。暑いときは冷たい床にお腹をのせ、寒いときには暖かい場所にお腹を押しあてます。犬は比較的暑さに弱いので、タイルを敷いた冷たい床は、エアコン冷房に頼らない自然な涼をとる健康的な方法として人気です。

ただ、寝そべる場所がどこもタイルだと、季節や体調などによっては、体を冷やしすぎてしまうこともあるようです。短毛種や体温調節がしにくい老犬や幼犬はとくに気を配ってあげましょう。

　体を冷やしすぎると、免疫力を低下させるため、アレルギーなどの疾患を引きおこしやすくなります。

 ちなみに

ラグを活用して

　リビングなど家族のだんらんとなる場にはラグを併用し、犬がそばで一緒にくつろぐときには、冷たい床にじかに寝そべらなくてすむようにしてあげましょう。

Q28 犬や猫がいると腰壁は必要でしょうか……

　豆柴を室内で飼っています。犬がいる家には腰壁を付けるといいと聞いたのですが、重要ですか？　実は、廊下の幅がそう広くはなく、腰壁は部屋が狭く見えるのでできれば付けたくありません。ほかにいい方法はないものでしょうか？

A

犬や猫がいると、引っかきなどのイタズラ防止に腰壁を考えることが多くなりますが、犬は特殊な状況でない限りただ単に壁を引っかくことはありません。

ただ、犬の腰の高さあたりで壁が汚れることは多くなります。そこで、腰壁にしないまでも、床から腰の高さの壁は拭き掃除がしやすい納まりにしておくことをお勧めします。

万が一のオシッコによるマーキング対策や仔犬のイタズラ防止には、高幅木程度でも間に合います。

万が一の対策の高幅木

マーキングや仔犬の壁へのイタズラ対策にする高幅木の高さは、小型犬なら30cm、中・大型犬なら50cm程度必要です。

  ちなみに

壁と床のすき間をなくそう

壁と床の接点は目地と同じく掃除のしにくい部分です。入り隅にホコリが入り込み定着すると、マーキングのにおいが残ってしまうことがあります。それを防ぐためには、床材がクッションフロアなどのシート床材の場合、シート床材を巻き上げて幅木のようにする工法や、ビニル高幅木を床面に巻き下げる工法があります。主に病院などの施設で使われる工法ですが、トイレトレーまわりに使うと掃除しやすくなり便利です。

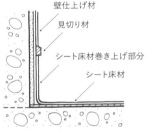

シート床材巻き上げ工法による高幅木

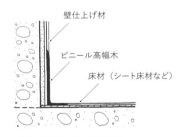

巻き下げ工法による高幅木

Q29 猫が壁や柱に爪とぎしてしまいます……

爪とぎ器をちゃんと与えられていると、猫は壁などに爪とぎしない……という話ですが、ウチの猫は爪とぎ器を使ってくれず、壁や柱で爪とぎしてしまって困っています。

A

爪とぎは古い爪を剥がすことや、爪への刺激でリフレッシュするなど生理的な効果のほか、自分の居場所を示すマーキングの意味もあり猫にとって必要な行為です。

与えている爪とぎ器で爪とぎしないという場合、その爪とぎ器が好みに合っていない、また設置場所が猫にとって必要な場所（マーキングポイント）でない可能性があります。

必要な場所の基本は、「部屋の出入り口」「目立つ角」など、空間の区切りや目印となる場所です。多頭飼育の場合、マーキングのために爪とぎの場所が増えます。また、より高い場所にマーキングする傾向も見られるようです。

爪とぎ対策

爪をとがれて困る場所には、あらかじめカバーをしておくと安心です。壁に爪とぎをする場合は、前足をついてグッと背伸びするよ

床から90cm程度までを平滑な素材にすると自然と爪とぎしなくなります

床で爪とぎするのが好きな猫には爪とぎ器を上り勾配にしてあげると喜ばれます

うにして爪を立てるので、猫が立ち上がって前足が伸ばせる高さ(床から90cm程度)は爪が引っかかりにくい平滑な素材にしておきます。爪を立ててみて引っかけられない壁には、自然とやらなくなります。

またマーキングポイントには、防御した仕上げの上に好みの爪とぎ器を設置しなくてはいけません。

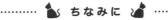 ちなみに

爪とぎ器の素材

ダンボール素材や麻布を巻いたもの、カーペット素材が人気です。木材では、桐の丸太やオリーブの木、パイン材などの針葉樹系の板が軟らかく好まれます。洗濯板のような波板状のものもいいでしょう。

床でとぐのが好きな猫の場合には、爪とぎ器をほんの少し上り勾配にしておくと喜ばれます。猫がのれる幅があること、力を入れて引っかいても動かないよう、しっかり固定することも重要です。

ただし、基本的に猫それぞれの好みはまったく違うので一概に決められません。個々の猫に選ばせてあげましょう。

30 水拭きしやすい壁紙にしたのに、汚れやすいのはどうしてでしょう……

犬の体がこすれることで付く壁紙のこすり汚れが気になるので、水拭きがしやすいビニルクロスにしたのですが、なんとなく日常の汚れが付きやすい気がします。

室内の湿度が30%以下になると静電気がおきやすくなり、ビニルクロスなどではホコリが帯電してこびりつくことがあります。

犬の胴体がこすれる床から腰までの高さの壁を拭き掃除を考えてビニルクロスにした場合でも、腰の高さより上の部分や天井などは、できるだけ静電気がおきにくい素材にしておくと掃除が楽になります。

静電気のおきにくい健康壁材

漆喰や珪藻土などの左官材のほか、調湿効果（室内の湿度を適度に保つ機能）をもつタイルやクロスなどがあります。

 ちなみに

クロスは腰の高さまではヨコ張りに

クロスは、タテ方向に張るのが一般的です。クロスの幅は90cm程度の規格が多いので、タテ張りだと90cmごとに張り合わせジョイントができることになります。

そのジョイントを気にして爪で剥がそうとするコもいるようです。そこで、腰の高さで壁紙を張り分け、腰の高さより下部分をヨコ張りにすればジョイントを減らすことができます。

ジョイントが90cmごとにできるタテ張りは腰の高さ以上にします

90cm幅が多い

腰の高さで壁紙を張り分け、腰高以下をヨコ張りにするとジョイントが少なくなって爪で剥がすことが少なくなります

床から腰の高さまでをヨコ張りにすると腰の高さまではジョイントができません

Q31 オシッコがコンセントに掛かってしまいました……

オスの猫ですが、壁に吹き掛けるようにオシッコでマーキングをすることがたまにあり、すごくにおうので困ってしまいます。コンセントに掛けてしまってショートさせたこともありました。

A

猫の「スプレー」というオシッコによるマーキングは主にオス猫に見られる縄張りを主張するマーキング行為です。去勢（メス猫は避妊）をするとだいぶおさまりますが、多頭飼育の場合や神経質なコでは環境の変化やちょっとしたストレスでスプレーをすることがあります。

スプレーは普通の排泄と違って、まさに「スプレーを掛けるように」壁に吹き付けるので猫の体高（床に付いた前足から肩までの高さ）より高い場所にも掛かってしまいます。

コンセントの高さ

腰の高さまでの壁には水拭き掃除しやすいような対策を考えると共に、コンセントの位置も高めに設定します。日本の一般サイズの猫であるなら、床から50cm以上の高さが必要です。

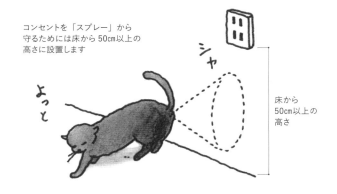

コンセントを「スプレー」から守るためには床から50cm以上の高さに設置します

床から50cm以上の高さ

ドアまわり

Q32 握り玉以外の、犬や猫に開けられにくいドアの把手は……

ボーダー・コリーがいるのですが、把手が「レバーハンドル」だと開けられてしまいます。「握り玉」は使いづらくていやなのですが、ほかに方法はないでしょうか？

A まず、ドアを内開きにするか外開きにするかによって、犬や猫にとっての開けやすさが変わってきます。かれらにとって内開きは比較的開けにくいドアです。外開きでレバーハンドルだと、レバーとドアに体重をかけることで犬や猫でもドアが開けることができます。さらに、大型犬で頭のいいコだと、内開きでもレバーハンドルなら開けてしまいます。そうした場合は、握り玉やレバーハンドルでもレバー部分が短いタイプにしておくと安心です。また、「プッシュ・プル」という内側に開けるときには引っ張るタイプの把手でも犬や猫には開けにくくなります。

外開きドア

内開きドア

「プッシュ・プル」という把手

レバーハンドルは、「下に押す」という一度の動作で開いてしまいますが、「握り玉」は、握って、ひねるという2段階を必要とし

ます。「握る」という行為だけでなく、2つの動作をしなくてはいけないことも犬や猫には開けづらい理由です。「握り玉」と同じように、下に押すだけでは開かない把手に、「プッシュ・プル」があります。

握り玉

これは、外に押して開けるときには把手を「押す（プッシュ）」、内側に引いて開けるときには把手を「引く（プル）」だけで開けられる、人には使いやすい把手ですが、内開きの場合、「引く」という行為ができない犬や猫には開けづらい把手となります。

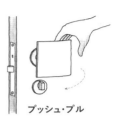
プッシュ・プル

  ちなみに

ドアの吊り元はリードを持つ手の反対側に

犬や猫には開けにくいドアである以上に、人には開けやすくしておきたいものです。

左でリードを持っている（左にツケを教えている）場合、ドアの吊り元は右側にすると使い勝手がよくなります。

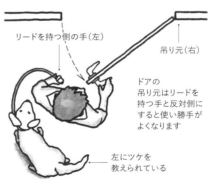

ドアの吊り元はリードを持つ手と反対側にすると使い勝手がよくなります

左にツケを教えられている

Q33
開けたドアを犬にぶつけてしまいました……

犬が勝手にドアを開けないように、犬のいる部屋からは内開きにしました。ところが、私が外からドアを開けた瞬間、ドアの向こうで出迎えてくれていた犬に、ドアがぶつかってしまったのです。

A
犬や猫が開けにくい内開きのドアの場合で注意しなくてはいけないことは、開く側に犬や猫がいることです。さらに、ドアに張り付くようにして飼い主がドアを開けるのを待っていると、ドアを開けたときに、ドア近くで待っていた犬や猫にぶつかってしまう事故がおこりやすくなります。

とくに、小型犬などでは重篤な怪我になる場合もあるので注意が必要です。たとえば、チワワはアップルヘッドとよばれる可愛らしい丸い頭が特徴的ですが、この特徴ゆえに衝撃に弱いのです。そのほか、人気のフレンチブルドッグなどの短頭種も、とくに頭部への衝撃に注意したい犬種です。

ちなみに

足をドアの下に挟んでしまう事故の危険も

ドアと床のあいだに換気のためにアンダーカットとよばれる1cmほどのすき間があいている場合があります。そのすき間が住宅全体の換気ルートとして計画されている場合、家自体の健康維持のために塞ぐことはできません。とくにマンションでは多く採用され、近年の法改正により戸建て住宅でも多くつくられるようになりました。

そのわずかなすき間に小型犬や猫は足先を、大型犬は爪を挟んでしまいやすいようです。「ドアを開けたときに、ドアの下のすき間

ドアにガラスのスリットがあると
ドアの向こうにいる犬猫の気配に
すぐ気がつくことができます

に犬や猫が足先を挟んでしまった」という事故が増えています。

内開きにしたときには安全に配慮

ドアに、向こう側の下部の気配が確認できるスリット窓などを付けておくと安心です。ドアのそばに犬や猫がいるかどうかを確認しやすく、人がいきなりドアを開けてしまうことを防げます。急にドアが開いたのでなければ、そばで待ちかまえていた犬や猫も自然な流れでよけることができて安全です。

Q34 ドアの通気用ルーバーを壊されてしまいました……

ドアの膝下の高さに通気用のルーバーがありますが、なぜか犬に引っかかれてボロボロにされてしまいました。

A 通気のためにドアにルーバーを付けることがありますが、これはドアの向こう側がチラチラ見える状態となり、その見え方や蛇腹の形状がイタズラを誘ってしまいます。ルーバーは犬の視線の高さ以上（人の腰の高さ以上）に付けるか、下部に通気口を取り付ける必要があるならば、アンダーカットや通気穴だけにしておきましょう。

ドアの下部のルーバーは
イタズラを誘ってしまいます

ペットゲート

Q35 ペットゲートを飛び越えちゃいます

うちの犬(イングリッシュ・コッカース・パニエル)はやんちゃなので、玄関への廊下を全力疾走してきます。飛び出しては危ないからと、小さいころからペットゲートを廊下に取り付けたのですが、飛び越えてしまったり、高くしてもよじのぼってしまうのです。もう腰高のゲートはあきらめて大きな扉を付けるしかないのでしょうか。

A

ペットゲートは、犬や猫の自由な出入りを制限したい場所の仕切りをする便利なアイテムです。しかし、ゲートを付けてもよじのぼって越えてしまうとか、走り高跳びの要領で飛び越えるなど、ゲートという障害に果敢に挑もうという犬・猫の"勇士?"が出てきてしまうこともあり、その効果にはばらつきがあるようです。つまり、「ただ付ければいい」というアイテムではないわけです。設置する適所はもちろんのこと、ルールを教えるということもあわせておこなわなくては、「防ぐ→乗り越える」というイタチゴッコになってしまうということを認識しておきましょう。

 ちなみに

イタチゴッコにならないためにするべき、主なポイント2つ

①のぼらせない ゲートの構造は、犬や猫が足をかけられるような横桟パーツが下部にないこと。格子デザインならば、基本的にタテ

桟にしましょう。チャイルドゲートを転用している場合、下部がくぐれるような状態のものが多くあるので、市販品を利用する場合でも必ずペット用品から選びましょう。

②**高跳びさせない**　廊下に付ける場合は、助走距離がとれないところに設置しましょう。高跳びするのは、とくにマンションなどで、細長い廊下が玄関扉まで一直線になっている場合に多いようです。魅力的な目標物（飼い主が帰ってくる扉）と、助走がしやすい、という条件がそろっているからです。

　ゲートが機能しなくなるのは、そのほかにも、いくつかの条件と背景が重なっておきるものなのですが、最低上記2点は気をつけましょう。

　そのほかの背景の一例としては、犬の成長に合わせて、または飛び越えられたために高さを次々と高くしていった、というものです。こういう流れをつくってしまうと、犬や猫のチャレンジ魂に火が付き、困った"勇士"になりやすくなります。

　また、ルールを徹底しない飼い主側にも問題があるようです。場所の制限をしようとして単にゲートを高くしただけでは、根本的な解決にはなりません。まずは、「このゲートは、向こう側に勝手に出入りしてはいけない、という印だからね」ということを日ごろのしつけで徹底認識させましょう。この認識ができていれば、低いゲートでも「制限区域」という機能は十分発揮されます。低いゲートは、視界を遮らないので人の室内での快適性を上げるため、とくに窓前での使用に効果的です。

意味を認識させれば、低いゲートでも機能は発揮される

窓まわり

Q36
猫がカーテンをよじのぼってしまいます……

ウチの猫はカーテンに飛び付いてよじのぼってしまうのです。カーテンがボロボロになるのですが、どうにかならないでしょうか？

A
猫は空間を立体的に使って生活します。部屋の中が眺め下ろせる高い場所に行こうとしたり、なにかによじのぼりたいという欲求は自然におこるものです。

爪を立ててよじのぼりたいという欲求の強い猫であれば、そのための柱などが必要です。また、部屋が眺められる気持ちのよい高い場所、たとえば棚やタンスの上ですが、カーテンボックスやカーテンレールの上も魅力的な場所になります。カーテンはこういった場所への足がかりになっている可能性があります。

カーテンレールやボックスは天井付けにしておきましょう。

魅力的なよじのぼり用柱

パイン材などの針葉樹系の木材や、麻縄を巻いたものが爪を立てやすくのぼりやすい柱となります。直径10〜25cm程度の抱えられるくらいの太さが魅力的です。

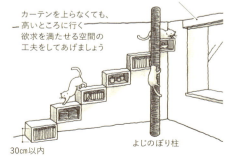

カーテンボックスやカーテンレールは天井付けに

カーテンを上らなくても、高いところに行く欲求を満たせる空間の工夫をしてあげましょう

よじのぼり柱

30cm以内

3章　犬・猫のくらしQ&A

····· ちなみに ·····

木目をさける

　海外のある動物行動学者の説では、タテ縞や木目の模様に猫は爪とぎ欲求をおこす傾向があるそうです[5]。猫には細かいスリット模様は見えないので、タテ縞と判断しているか疑わしく、また私の経験上も、その実感はあまりありませんが、念のため壁紙やカーテンなどのファブリックは、タテ縞や木目模様をさけたほうがよさそうです。

Q 37
犬がブラインドに手をかけて壊してしまいます……

隣や道路が近いので、窓には目隠しをしながらも日射しが入るブラインドにしたかったのですが、犬がイタズラして壊してしまいます。ブラインドはあきらめなくてはいけませんか？

A 従来のブラインドはアルミ製のスラット（羽）が多く、繊細で幅の細いスラットはイタズラしやすく、飛びかかると簡単にスラットが折れてしまってボロボロになってしまうことはよくありました。

　木製のブラインドは、厚みと幅があるので折れたりしにくく、温かみがありリッチなインテリアになります。しかし、スリットからもれる光や、向こう側がチラチラ見える状態や蛇腹の形状などイタズラを誘ってしまう要因は残っており、体重をかけられるとやはり心配です。

5）ジョエル・ドゥハッス著、渡辺格・塚田導晴訳『うちの猫はおりこうさん?』マガジンハウス、2001

近年、断熱リフォームで使われるインナーサッシという商品がありますが、このサッシの間にブラインドを入れられるように開発された、省スペース型のブラインドが出ています。直接ブラインドに触れることがないので便利です。また、サッシ自体にブラインドを内蔵した商品もあります。複層ガラスの2枚のガラスのあいだにブラインドを入れてしまったもので、遮熱効果のある省エネ商品です。ブラインドの羽根が折れたり汚れたりする心配もなく、掃除が不要です。油汚れのあるキッチンや水がかかるお風呂に採用されることが多いですが、掃き出しサッシ用のものもあります。

　犬や猫がいると、ボロボロになるからとあきらめていたブラインドですが、これなら、掃除も楽だし安心して採用できます。

　通風も確保したいというときには、雨戸をブラインド形状にするという方法もあります。窓の外で熱を軽減できるので、日射しの強さによる遮熱効果が期待できます。

ブラインド入り
複層ガラスサッシ

外付けブラインド

38
外開きの窓にも蚊が入りにくいよう、網戸を付けられますか……

犬や猫にとって蚊は危険っていいますけど、網戸をしているのに、窓の開け閉めのときに蚊が入ってくるようなのです。また、室内には外に押し開く窓があるのですが、この窓にも網戸を付けることができますか？

蚊によって媒介されるフィラリアは、寄生された犬や猫を死に至らしめる怖い寄生虫です。対策としては予防薬を蚊の飛ぶ時期に投与するのですが、室内に蚊を入れないことも環境面では重要なことです。

窓や通気口には防虫網が必要ですが、窓では開けたときに蚊が入らないよう、基本的に網戸は窓の室外側に取り付けるようにします。

外開きの窓には固定式の網戸を

外開きの窓の場合は、外側に網戸を取り付けると窓が当たってしまうので、室内側に網戸を付けることになります。ただし、この場合は窓を開けるときに一時的に網戸を開け放した状態となってしまうので、蚊が侵入するすき間ができてしまいます。そこで、内側の網戸を開けなくてもレバーなどで窓を開け閉めできる、オペレーター式開閉窓が便利です。

オペレーター式開閉窓なら
外開きでも蚊に侵入されません

Q39 網戸に犬が突進して突き破ってしまいます……

廊下の突きあたりに掃き出し窓がありますが、犬が突進してそこの網戸を破ってしまうのです。猫も網戸をよじのぼることがあるので、じょうぶな網戸にしたいのですが……。

グラスファイバーやスチール製の網戸用のネットがあります。ただ、ネット自体はじょうぶですが、よじのぼられたり、突進されたりするとネットが網戸の枠から外れてしまうおそれがあります。

　また、長い廊下の突きあたりや広い部屋などの走って突っ込める場所にある窓のガラスが透明だと、犬は気がつきにくく、突進してしまって危険です。犬の視線の高さまではすりガラスなどで不透明にしておく方法や、窓の手前に柵を設けるのも一つの方法です。

 ちなみに

掃き出し窓には格子状のネット戸を組み合わせて

　掃き出し窓（窓の下端が床の高さのもの）であれば、格子戸状のネットを和室の障子のような感じで取り付けるのがお勧めです。そうすれば猫は網戸によじのぼれませんし、犬が窓に気がつかずに突進してしまうことも防げます。

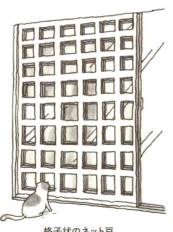

掃き出し窓には
格子状のネット戸を
取り付けると
犬や猫に網戸を
破られにくくなります

格子状のネット戸

音

Q40 遮音カーテンが機能していない気がします……

家の外からの音が犬や猫にストレスをかけると聞きました。わが家も表の通りの音が少し気になるので遮音カーテンにしました。でも、なんだかあまり遮音されているように感じません。

A

遮音カーテンにしても、音もれのすき間があると効果が半減してしまいます。音もれがしやすいのは壁付けのカーテンレールで、レールと天井にすき間がある場合などです。

すき間をなくそう

壁付けのカーテンレールだと、上部のすき間から音がもれてしまいます。カーテンレールは天井付けにするか、カーテンボックスを取り付けましょう。

また、窓の幅に対して十分なカーテンの幅がないと、窓とカーテンのすき間から音がもれやすくなります。カーテンは窓の幅より両脇に15cmずつ広く幅をとりましょう。

カーテンの遮音性を高める工夫

ちなみに

カーテンは厚めのタイプに

　遮音カーテンでなくとも、ドレープ（ヒダ）を多めにすると、そのヒダに空気層ができて音や外気温を室内に伝えにくくなります。布地が厚くて重くなると、布自体の吸音性だけでなく遮音性も高くなります。

41 夜間に犬に吠えられると、ご近所にも響いていないか気になります……

1階のリビングの一角に犬のサークルとハウスを置いています。家族の寝室は2階ですが、夜に犬に吠えられると、ずっと吠えているわけではなくとも気になるし、ご近所にも響いていないか心配です。

　室内の音環境は、住まい方で最近変化が出ているようです。現代の住まい方は、デジタル化が進んだことでCDや本棚が激減しました。タンスからクローゼットへと収納の形が変化し、置き家具が減ったというのも大きな変化です。こういった住まいの変化は、掃除や整理がしやすくてよいですが、室内に家具という音にとっての障害物が少なくなったということでもあります。家具がある程度、音を吸収して室内に拡散することをおさえていたのでしょう。シンプルで物が少ない部屋ほど、室内で手を叩いたりする炸裂音や、犬の吠え声が耳障りに感じやすいようです。

　夜間は外部の音が少なくなるので、大きな音でなくとも響いてしまう可能性があります。

3章　犬・猫のくらしQ&A

とくに犬が吠えるときは、物事に興奮したり人に注意をうながそうとしていることが多いので、人が気になって当然の声といえるでしょう。

しかし吠え癖をつけないためには、どんなに犬が注意を引こうと吠えても、人は反応をせずに「人にかまってもらうために、吠えることは無駄なこと」と理解させるのが、有効なトレーニングの一つです。ただ、犬がそれを理解するまでの短いあいだですむことだとしても、吠え声でご近所に迷惑をかけていないかと気をもみます。できるだけ家の外への音もれが少なくなるように、住まいの工夫をしたいものです。

天井に防音・吸音性能をもたせる

天井に防音・吸音性能をもつ建材を使うと、多少吠えてしまった場合でも、室内での音の響きをおさえられ、ご近所への迷惑も最小限にできます。

　ちなみに

フードを深型にして換気扇からの音もれにも対処

166ページで遮音カーテンの話をしましたが、換気扇やそのほかの開口部にも気を配りましょう。

建築基準法の改正により新築戸建てでも「24時間換気」が必要となりました。換気方法にはいくつかの種類がありますが、壁に排気や給気の換気口を開ける方式が多く、この換気口から音もれする心配があります。換気口を防音仕様にする方法もありますが、外部に取り付ける雨よけのフードを「深型」にしておくだけでもだいぶ遮音性能がよくなるようです。

ただ、注意したいのは、防音措置をしたからといって、トレーニ

ング以外で吠えているのを放置しないことです。吠え続けることはなにかのストレスサインです。犬にも負担がかかっています。吠える必要のない環境を整えてあげましょう。

深型の雨よけフードでも遮音性能が高くなります

照明

Q42
高齢になって夜、寝つきがわるくなったようです……

13歳をすぎたプードルと15歳になる猫がいます。寄る年波には勝てず、室内で寝ていることが多くなりました。また、プードルのほうは夜寝つけないことがあるようです。

A 昼は明るく夜は暗くなるという光環境の変化で、人や動物は体内時計を調整し、自律神経を保っています。しかし、高齢になるに伴い、その機能も衰えてきます。

日光を浴びる機会が減ってくると、体内時計の調節がしにくくなってきます。とくに室内飼育されている老犬・老猫は、夜間も室内の明るい照明を浴びています。これによって体内時計が狂いやすいという問題がおこります。日中できるだけ日光浴ができるようにすることも重要ですが、室内の照明にも工夫をしてあげたいものです。

複数の照明を使い分けよう

光環境は人と動物の精神面に大きな影響を与えます。昼間の太陽の色に近い、色温度の高い青白い照明は動物を活動的にし、夕日に近い赤みを帯びた、色温度の低い照明は精神を落ち着かせます。

作業をするときの照明は蛍光灯など色温度の高いものに、夜のくつろぎのときには白熱灯など色温度の低いものや間接照明にするのが効果的です。

犬や猫はリビングに居場所をもっていることが多いので、リビングの照明をシーリングライト（天井に取り付ける照明器具）1種類

にするのではなく、ウォールライトやテーブルライトなど、いくつかの種類を組み合わせて、明るさの調整ができるようにしておくといいでしょう。

眠る数時間前には色温度の高い蛍光灯などの照明は減らし、心の落ち着く白熱灯など色温度の低い照明を増やしてあげると落ち着き、眠りを誘いやすくなります。

複数照明はインテリアに変化を与えられるので、機能面だけでなく雰囲気も楽しむことができる効果的な手法です。

シーリングライトだけの光環境

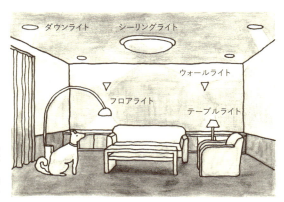

くつろぐときや寝る数時間前からは複数照明を使い分け、心の落ちつく光環境にしてあげましょう

複数照明の光環境

3章 犬・猫のくらしQ&A

空気環境

Q 43
暖房の効きすぎか、ハアハアしてしまっています……

犬は寒さに強いと聞きますが、ウチのコは寒がりです。床暖房なら火傷することもないし、空気を汚さなくていいと思ったのですが、暖かくしすぎたのか冬なのにハアハアしてしまっています。

A

床暖房は輻射熱を利用する暖房器具ですからホコリを巻き上げないため空気環境の視点から見ると理想的なものです。しかし、犬や猫は人と違って、もともと服を着なくてもよい体になっています。つねにダウンジャケットを着ているようなものだと思ってもかまわないでしょう。そして、このジャケットは暑くても脱ぐことができません。

さらに犬は毛皮の下に厚い脂肪を蓄えています。そのために寒さを感じることも少ないのですが、暖かさを感じるのも時間がかかるのです。暖かい床に触れていても、すぐには暖かいと感じません。やっと暖かさを感じたときには体内にかなり熱がたまった状態になっています。一日中そこに張り付いているようだと、体が熱くなりすぎて熱中症や呼吸器系の疾患をおこすこともあるので注意が必要となります。

犬や猫は人のようには汗腺が発達していないので、上がりすぎた体内温度を下げるには、お腹を冷たい場所にあてたり、「パンティング」といって口を大きく開けてハアハアと呼吸することによって体内の熱を吐き出すしかありません。冷やすにも時間がかかるのです。

床暖房では
熱くなりすぎないように
注意が必要です

　さらに、暖房で乾燥した空気を呼吸するために、喉も痛めてしまうのです。シー・ズーやパグなどの短頭種の場合は、気管が短く弱いので、とくに気をつけてあげる必要があります。

床暖房なら機能を選んで

　低温水式や、センサーが働いて体が接している場所は熱くなりすぎないようになっているものが安心でしょう。ハウスやサークルスペースには、床暖房を取り付けないことも重要です。

──── ちなみに ────

床暖房以外の輻射熱暖房

　輻射熱暖房設備は床暖房以外に、壁面に設置するパネル状のヒーターなどもあります。床材に足触りの温かい素材（桐やパイン、コルク、カーペットなど）を組み合わせて使用すれば、より効果的です。

44
猫好きなのに、猫アレルギーになってしまいました……

3匹の猫たちとくらしています。そんな猫が大好きな私が、

猫アレルギーになってしまったのです。ウチのコたちは家族の一員ですから手放すわけにはいきません。どうすればいいでしょう。

A アレルギーとは、その原因となるアレルゲンへの接触率が高い人ほどなりやすいものです。つまり、猫好きな人ほど猫アレルギーになる可能性が高いのです。

犬アレルギーと比べると猫アレルギーを発症する人のほうが多いのですが、それは猫の体を舐める「グルーミング（毛づくろい）」という習性に起因します。猫は犬と違って待伏せ型の狩りをする生きものです。自分のにおいを相手に悟られないように、舐めることでつねに清潔にしているのです。

また、グルーミングは皮膚に刺激を与えて代謝機能を高めたり、緊張をほぐすなど精神的な意味でも重要な行動です。しかし、舐めることで毛に唾液が付着し、その唾液中のタンパク質が乾燥して空気中に飛散することになります。猫の生活領域周辺は、こういったアレルゲンとなるタンパク質がたくさん浮遊しているのです。

猫の主要アレルゲンである「Fel d1」は、直径 2.5 ミクロン以下の微粒子として長時間空気中に漂います。壁やカーテンに付着すると除去は容易ではありません。とくに空気が乾燥して室内の壁が静電気を帯びていると、アレルゲンが壁に付着して取れにくくなります。

拭き掃除ができるように

アレルゲンが付着しやすいファブリックは洗えるように、また壁は静電気を帯びにくい素材にしておくとよいでしょう。

ちなみに

猫のシャンプー

　猫には、チンチラなどの長毛種以外はシャンプーは基本的に必要ではありません。しかし飼い主がアレルギーになってしまった場合、猫をシャンプーすることで、猫の毛に付いた唾液やフケなどをあらかじめ落とし、アレルゲンの空気中への飛散を減らすことができます。ただし猫の健康のためには週に１度までが限界です。現在はペット用体拭きシートも多く出ていますので、これでもシャンプーの代用になります。

ペット用体拭き
シートで拭いてあげても
シャンプーの代わりに
なります

衛生設備

Q45
犬が収納の中のトイレを使ってくれません……

壁面収納に犬のハウス（寝床）を組み込んだので、その並びを利用して犬用トイレトレーが置けるスペースをつくりました。ですが、どうしてもそのトイレを使ってくれないのです。

A

犬は猫と違って小さく囲われた場所をトイレとして認識しにくい傾向があります。三方が壁に囲われていると、寝床との区別がつきにくいためのようです。

トイレシートの上に体全体がのるときに体の向きを変えなくてはならないものは、鼻がぶつかりそうになるので使いづらいのです。猫用のような、体高（足先から肩までの高さ）近くの高さの囲いがあるトイレトレーもさけましょう。

ダックスフンドのような胴長の犬の場合は、トイレトレーが小さめだと前足がトイレの中に入っていても、後ろ足とお尻はトレーの外に出ていることがあり、トイレを失敗しやすいので大きさにも注意が必要です。

ちなみに

トイレは真っすぐ入って真っすぐ出る

トイレのスペースにのって用を足したら、そのまま前に真っすぐ出て行けるようにすると、排泄物を踏んだりして足を汚すこともないので、キレイに使ってくれるようになります。

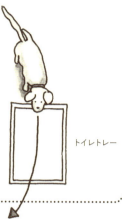

トイレトレー

トイレは真っすぐ入って
真っすぐ出られるようにして
あげると楽です

**46
毎日足を水洗いしていたら、
足先がかぶれてしまいました……**

毎日、散歩から戻ったらちゃんと足を洗ってあげているのですが、パッド（肉球）まわりが皮膚炎になってしまいました。洗い方がわるいのでしょうか？

足洗いには汚れを取るのと同時に、寄生虫の卵を家に持ち込まないという意味があります。それは室内でくらすうえで大切なことですが、その反面、「足先の皮膚疾患が増えている原因の一つは、過剰な足の水洗いと不十分な乾燥による影響が否めない」という獣医さんからの指摘もあります。

犬は基本的には湿気が苦手です。水洗い後の乾燥不十分な状態だと、犬は気持ちがわるいために指のあいだを過剰に舐めてしまい、「肢端舐性皮膚炎」という指の皮膚疾患の一因となることもあるの

3章　犬・猫のくらしQ&A

です。

　犬や猫の足先は複雑な形状をしています。指にまでしっかり毛が生えている犬や猫の足先を毎回濡らして洗うのはよくないのです。足洗いは草むらを歩いてきて寄生虫の卵の持ち込みのおそれがある場合や、汚れがひどいときだけで十分です。それ以外は軽く湿らせたキレイな布でていねいに拭いてあげるだけにしましょう。玄関ホールでゆっくり犬の足を拭いてあげられるよう、人が楽な姿勢をとれる工夫をすることをお勧めします（123 〜 127 ページ参照）。

 ちなみに

水洗いするときはぬるま湯で

　周辺環境の問題から、どうしても毎日の散歩の後に水洗いをしたいという人は、35℃程度のぬるま湯を使用し、指の股がしっかりと乾くように手早く拭いて乾かしてあげる必要があります。足を拭くための台や、ドライヤーなどの設備を用意しましょう。

Q 47 やさしくシャンプーするためには……

ウエスト・ハイランド・ホワイト・テリアですが、毎日のブラッシングが重要とのことなのでこまめにおこなっています。けれど、皮膚が弱い犬種だということですから皮膚炎も心配です。シャンプーにも気を配りたいと思いますが、シャンプーの仕方やシャンプー台ではどのようなことに気をつければよいでしょうか？

A
体に負担をかけずにしっかりシャンプーするには、シャンプー剤を選ぶだけでなく、洗い方やシャンプー台にも工夫をしましょう。

体にやさしいシャンプーは、ゴシゴシこすらずそっとマッサージするような洗い方です。

シャンプー液をなじませたお湯に半身を浸からせるようにしてシャンプーすると、皮膚の弱いコや体力のない老犬にも負担が少ないので、シャンプーシンクはお湯をためられるタイプがよいでしょう。

シャンプーシンクは犬がしっかり立てること

犬が立つ位置は平らで、さらにすのこやゴムマットなどを敷いてすべりにくい工夫をしてあげると、足元が安定するので、犬が安心できてよいでしょう。

排水を流すときには、抜け毛が排水管に流れないように、ヘアキャッチャーが必要となりますが、排水トラップにバスケットが付いていると、抜け毛の多い犬種でも安心です。

ちなみに

シャワーも手元で操作

犬の体をすすぐためにシャワーを使う必要があります。そのため、手元で止水できるようにシャワーヘッドに止水スイッチがあるスイッチシャワーだと便利です（そのほかの注意は57ページ参照）。

さらに

業務用ドライヤー

犬・猫はシャンプーのとき、手早く乾燥させてあげなくてはいけません。全身がドライヤーの温風に当たることになりますので、体に熱をためないよう、温風が熱すぎないように注意してあげましょう。大型犬だと時間もかかるため、ペットサロンで使われているような風量の大きな業務用ドライヤーを求める方も増えました。この場合、温風で乾かすというより、風で水滴を吹き飛ばす状態になり、壁や天井にも水や抜け毛が飛ぶので、壁の耐水性や清掃性に関しても検討しておきましょう。業務用の大型のドライヤーを採用する場合は、コンセントは1,500Wの単独配線を用意しておきましょう。

シャワーヘッドに止水スイッチがあると便利

シンクの床にすのこやゴムマットを敷いてすべりにくい工夫を

皮膚の弱いコなどは、シャンプーシンクでお湯に浸らせるようにして、やさしくシャンプーしてあげます

コラム 08
犬は勝手口から出入りするプラン

風呂場に隣接したユーティリティにある
勝手口を犬の出入り口にしたタイプです。

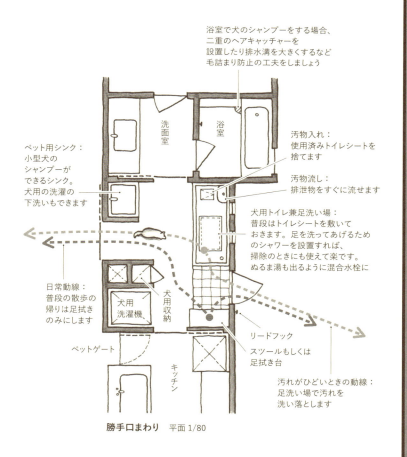

勝手口まわり 平面 1/80

コラム 09
猫用トイレを洗面室に置いたプラン

猫のオシッコはにおいがきついので、
換気設備の整ったトイレや洗面室に置くのがお勧めです。
洗面台のカウンター下を猫用トイレに。

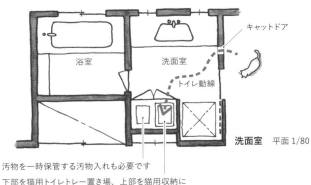

洗面室 平面 1/80

汚物を一時保管する汚物入れも必要です
下部を猫用トイレトレー置き場、上部を猫用収納に

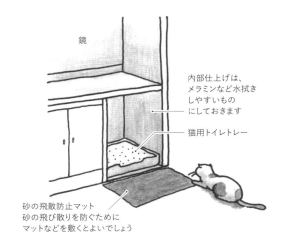

内部仕上げは、メラミンなど水拭きしやすいものにしておきます

猫用トイレトレー

砂の飛散防止マット
砂の飛び散りを防ぐためにマットなどを敷くとよいでしょう

庭まわり

Q 48
犬に庭の植物を掘りおこされてしまいます……
ウチのビーグルは穴掘りが大好きで、庭にせっかく植えた草花も掘りおこされてしまって困っています。

A
「テリア」系や「ハウンド」系の中でもビーグルなどの小型猟犬は、掘ることが大好きなようです。大好きなことは長所として見てあげて、トレーニングの中にそうした行為を取り込んでしまうとしつけに効果的です。

庭を活用できる場合は、庭に軟らかな土をこんもりと盛り上げた「穴掘り専用の遊び場」をつくってあげます。そこに、お気に入りのオモチャやおいしいおやつを入れた袋を隠して埋めておくのです。掘り出して「おやつを出して」と飼い主のもとに袋を持ってきたら、よくできたとほめてあげながら中のおやつを出して食べさせてあげます。

これは、「宝探しゲーム」とよばれるトレーニング方法ですが、楽しみながら運動と勉強を同時にさせる工夫です。またこうした、掘ることでほめられる場所をつくると、人にとって「掘られて困る」ものや場所を減らせます。

庭が狭かったり、マンションで庭がない、バルコニーに出せない（一般に、マンションは管理規約で専用庭やバルコニーでの飼育は禁止しています）なら、室内で穴掘り行為ができる「宝探しゲーム」の場所をつくりましょう。子ども用プールやプラスチックの衣装ケースなどを使い、中に土の代わりに新聞紙や古くなったタオルなど

掘ることが
大好きな犬には
「穴掘り専用の遊び場」
をつくってあげるのが
お勧め

を入れます。そこにお気に入りのオモチャを入れれば室内の「穴掘り専用遊び場」のできあがりです。中綿（とくにパウダービーズ）のあるクッション状のものを土の代わりに入れるのは、破けて食べてしまうことがあり危険なので、お勧めしません。

 ちなみに

足洗いをしたらしっかり乾かそう

　思いっきり土を掘ると犬の足先が汚れてしまうので、室内飼育の場合には水洗いをしたくなります。そこで、「足洗い場」を設けることになりますが、洗い場から室内への動線の床にウッドデッキなどの吸水性のある素材を用いると、より乾かしやすくなります。せっかくならそうした「乾かすための通路」にしてあげましょう。

　また庭から室内への入り口には、玄関先の工夫と同じく、しっかり犬の足先を拭くための小型犬などをのせる台や、ゆっくり時間をかけても人が楽に作業をできるように、腰掛けを設えておきましょう（123〜125ページ参照）。

Q49 虫除けの方法は、薬剤以外にありますか……

郊外の緑地の多い地域にくらしています。散歩で草むらに入ることがあるので、犬の毛にノミやダニなどの寄生虫が付いてきてしまいます。対策に虫除けの首輪や虫除け薬を使っています。夏は蚊も多いので、家の中に少しでも持ち込まない工夫をしたいのですが……。

A

庭や玄関まわりで虫除けの工夫ができます。ある種のハーブは害虫への忌避効果があり、門から玄関までのアプローチに植えると、通るときに葉が触れ合ったりすることで香りが立ち、その効果が期待できます。風の通る窓際に置くのもお勧めです。

ハーブの種類 [6)7)]

ペニーロイヤルミント 防虫効果があるミントの中でも効果が高くてじょうぶな種類です。アリにも効果があります。地被性でヨコに広がる性質があり、芝のような楽しみ方もできます。繁殖力も強く、日陰でも育ちます。また、乾燥させてバンダナなどに包みノミ除けの首輪としての利用も可能です。

ヘンルーダ 葉は柑橘系の香りがし、ノミ・蚊やハエへの忌避効果があります。戸外の水飲み場などの近くに置いておくと食器に虫がたかるのを防ぐことができます。また、乾燥したものは防虫効果が高いので、布袋に入れて使っても効果があります。

---

6) ロザモンド・リチャードソン著、大田直子訳『ナチュラルな暮らし百科』産調出版、2004
7) 高橋章監修『花図鑑　ハーブ』草土出版、1996

ワームウッド 日本のヨモギに近い種類で日あたりのいい場所を好みます。人の背ほどにも成長するのでシーズンには生垣にすることもできます。ただし、まわりの植物の生育をおさえる発育抑制物質を葉から出すので、ほかの植物と混ぜて植え込むのはさけましょう。

蚊連草 忌避効果のあるゼラニウムとシトロネラをかけ合わせて、蚊除けの効果を強化したものです。窓際やアプローチなどにお勧めです。

門から玄関までのアプローチにハーブを植えると通るときに葉が触れ合って香りが立ち、虫をはらうことができます

Q50 犬が観葉植物をかじって吐いてしまいました……

アイビーなどの観葉植物を室内に飾っています。ウチの犬がアイビーの葉芽をかじった後に嘔吐してしまい、ヨダレをたらすなどしてビックリしました。身近な植物で食べると危ないものはほかになにがあるでしょうか？

A　身近な植物にも、口にすると危険な毒性をもつものが意外に多くあります。毒性をもつ植物は強いにおいや、いやな味がするものが多いので、動物も警戒するため重い中毒にはなりにくいといいます。しかし、体調によって、またなにかの拍子にかじってしまう場合があります。とくに、花や芽、葉先などには興味をもちやすく、うっかりかじってしまうことも多いようです。犬や猫の口の届く範囲の植物には、毒性のないものを選ぶなど気を配りたいものです。

　トマトなどのナス科やスズランなどのユリ科、ツツジ科の仲間は危険性が高く、生命にかかわる症状をおこすものもあるので、とくに注意をしましょう。

　毒のある部位が根や球根などの見えない場所にあるものでも、鉢をひっくり返したり土を掘りおこしたときに誤って口にしてしまうこともあります。

身近な毒性のある危険植物の例[8]

花や葉、茎など口にしやすい場所に毒性がある植物として、以下のものがあります[7]。

アイビー（ヘデラ）　　観葉植物として人気の高いツル性植物です。葉や果実など全体に毒性があり、口にすると嘔吐や下痢をおこします。今回のようにヨダレが出るという症状をおこすこともあります。

ポトス　アイビーと同じく観葉植物として人気のツル性植物です。食べると口内が腫れて痛みを伴います。

8）山根義久監修、廣瀬孝男編著『動物が出合う中毒―意外にたくさんある有毒植物』鳥取県動物臨床医学研究所、1999

身近にも危険な植物がたくさんあります

ストレリチア　極楽鳥花ともよばれ、切花としても人気がある植物。食べると嘔吐や下痢をおこします。

ポインセチア　花のような赤い葉が特徴で、クリスマスシーズンに多く飾られます。葉や茎を食べて嘔吐や下痢をおこすだけでなく、樹液に触れるとかぶれてしまいます。

スパティフィラム　1枚の白い大きな花びらのような花が人気の植物です。食べると嘔吐や口内に炎症をおこします。

ディフェンバキア　大きな葉がインテリアとして人気です。茎から出る樹液で皮膚炎をおこし、かじると口内が腫れて痛みも感じます。

カラー　エレファントイヤーともよばれ、切花として人気です。食べると嘔吐したり、口内や喉に炎症がおきます。

カロライナジャスミン　黄色い小さな花が咲く、ツル性の植物で、観賞用にすぐれています。食べると呼吸困難になるなど命にかかわる症状をおこします。

スズラン 鉢植えのほか、切花としても持ち込まれやすい植物です。食べると嘔吐や下痢のほか、心不全をおこすなど命の危険もあります。

　根や種、球根に毒性があって、庭などで注意したい植物には、水仙・朝顔・紫陽花・桔梗・チューリップ・ヒヤシンス・シクラメン・彼岸花などがあります。

アロマオイルやハーブポプリにも注意をしましょう

　観賞用の植物と共にインテリアの人気アイテムとして、アロマオイルやハーブポプリがあります。アロマテラピーはしつけでも活用されることがありますが、その際に用いられるアロマオイルは人用のものとは濃度が異なります。またアロマオイルやハーブポプリの中には、犬や猫にとっては毒性が強いものもあるので注意が必要です。犬や猫にアロマテラピーやマッサージでこれらのアイテムを使う場合は、必ず専門家の指導を受けるなどしましょう。

　たとえばティーツリーオイルですが、花粉症対策や風邪ウイルスを撃退する効果があり、室内で加湿器と共に焚かれる方も多いようです。ペット用の虫除けグッズやシャンプーに活用されることもあります。しかし、とくに毛を舐める習性のある猫は、体にオイルが付着してしまうと、直接オイルを舐めて毒を体内に取り込んでしまうため、加湿器で使うときでも取り扱いには十分な注意が必要です。

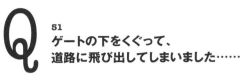

Q51 ゲートの下をくぐって、道路に飛び出してしまいました……

トイ・プードルですが、私が外出しようとドアを開けたちょっとしたすきに、車庫のゲートの下をくぐって前の道路に出てしまいました。車が走ってきていたらと思うと、今でもゾッとします。

A

バルコニーやフェンスは、基本的に人が通れないようにしているものですが、小型犬や猫だと通れるほどのすき間があるので注意しましょう。とくに下端のすき間は割合に大きく開いており、好奇心の旺盛な仔犬や猫ならばくぐろうとするのは当然です。

すき間は頭のサイズ以下

小型犬や猫を飼っている場合は、カーゲートの下端のすき間が8cm以下のものにするか、ペット用足元カバーが付けられるものにしましょう。

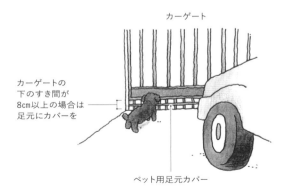

カーゲート

カーゲートの下のすき間が8cm以上の場合は足元にカバーを

ペット用足元カバー

Q 52 人工芝でパッドがかぶれてしまいました……

ウチのコは活動的なワイヤー・フォックス・テリアなので、自宅のテラスでぞんぶんに遊ばせてあげようと人工芝を敷きつめました。土で汚れないし、天然芝と違ってメンテナンスもしなくていいので楽だと思ったのですが、すれたらしくパッド（肉球）がかぶれてしまったのです。

A

プラスチックなどでは口やパッドまわりなどの柔らかい皮膚はかぶれやすく、アレルギー反応をおこすコも少なくないようです。とくに人工芝は走るとパッドをすって刺激がきつくなりますので、さけるべきでしょう。

また土と人工芝のあいだは、日射しも風通しもないので、不衛生になりがちです。雑菌やダニが繁殖しやすい環境なので、とくに排水のよくない土質の庭には向きません。

また、芝は排泄を誘う柔らかな足触りで、排泄をしてしまいがちです。尿が人工芝の基盤材やその下の土に残っていると、においがきつくなってしまいます。バルコニーなど土でない場所でも、人工芝を敷いた場合には、衛生管理のためには、定期的に人工芝を剥がし、人工芝とその下の地面に風を通したり天日干しをすることが必要です（ウッドチップを敷いた場合も同様に、消毒のメンテナンスが必要です）。

 ちなみに

熱をもちにくく緩衝性のある床面に

パッドのかぶれを防ぐには、できれば芝や草が一番安全ですが、木製の外部用床材やペーブメント用建材などでもよいでしょう。

3章 犬・猫のくらしQ&A

タイルやブロック類は、緩衝性がないので走りまわるには不向きですし、夏場は日射で熱をもち、犬や猫はつらく感じるので、運動する庭には向きません。

芝などの草が一番安全でお勧め

コラム 10
犬はテラスから出入りするプラン

リビングやダイニングに接したテラスから犬が出入りするタイプです。
テラスはアウターリビングとして活用できます。

上から見た犬用テラス

ベンチに腰掛けて日常の犬の
足拭きをします。足洗い場にはシャワーを
設置し夏場のシャンプーにも活用します。
オーニングなどで室内への日射を
やわらげるとベストです

汚れがひどいときの動線：
シャワーで足を洗った後、ベンチで
ていねいに指の股も拭いてあげましょう。
テラス床をウッドデッキやテラコッタタイルに
しておくと、歩かせながら濡れた足を
早く乾かすことができます

平面 1/150

犬や猫のことを考えた床材リスト（●：適切、▲：まあ適切、✕：不適）

		よく使われる床材の種類	
		硬いフローリング	
		UVコーティングなど、表面強化されたものや、ウリンなど南洋材の無垢フローリングを。爪でえぐれた傷などは付きにくいが、すべりやすいものが多いのが難点	
長毛種	アフガン・ハウンド、ヨークシャー・テリア、ゴールデン・レトリーバー、オールド・イングリッシュ・シープドック、etc	▲	
短毛種	ラブラドール・レトリーバー、ダルメシアン、ミニチュア・ピンシャー、etc.	▲	防滑仕上げなら●。部分的にラグを用いること
アンダコートの多い犬種	コーギー、ポメラニアン、コッカー・スパニエル、キャバリア、柴、etc.	▲	
よだれの多い犬種	グレート・ピレニーズ、グレート・デーン、etc.。上唇の垂れている犬種など	▲	防滑仕上げなら●。撥水ワックス、目地コーティングが望ましい。部分的にラグを用いること
大型犬	ゴールデン・レトリーバー、エアデール・テリア、ジャーマン・シェパード、ボルゾイ、etc.	▲	
小型犬	チワワ、トイ・プードル、パピヨン、ミニチュア・ダックスフンド、etc.	▲	防滑仕上げなら●。部分的にラグを用いること
幼犬		▲	
老犬		▲	
猫		●	ジャンプからの着地点にラグなどを用いること

軟らかいフローリング	ワックス仕上げ、樹脂仕上げのコルク	ハードコーティング仕上げのコルク
パインや桐の無垢フローリングは、自然な緩衝性と温かみのある感触がよいが、軟らかく傷が付きやすい。経年変化や爪による傷も「味」と思える人向け	温かさと緩衝性が心地よい素材だが、無塗装だと表面にシミが付きやすいので、樹脂仕上げやワックス焼き込み仕上げで防水性などの表面強化をしたものを選びたい。多少、爪でえぐれやすい	UV塗装やセラミックコーティングなどで、表面をより強化したもの。ワックス仕上げなどのものより耐傷性が高いが、緩衝性は小さい。また、すべりやすいタイプが多いので、防滑仕上げの表記のあるものを選びたい
●	●	▲
●	●	▲
● 撥水ワックス以上でのメンテナンスは必須	● ただし、掘りぐせが強いタイプには向かない	▲
●	●	▲ 防滑仕上げなら●
▲ 撥水ワックス以上でのメンテナンスは必須。爪傷のため、研磨でのメンテナンスが必要	● 爪でえぐれる可能性が高い。掘りぐせが強いタイプには向かない	▲
▲	●	▲
● 撥水ワックス以上でのメンテナンスは必須	● 床に接する面で温度の変化が少ないので望ましいが、掘りぐせのあるタイプには向かない	▲
● ジャンプでの着地点には爪傷が付くので、研磨でのメンテナンスが必要	●	▲ 防滑仕上げなら●。ジャンプからの着地点にラグなどを用いること

犬や猫のことを考えた床材リスト（●：適切、▲：まあ適切、✕：不適）

	よく使われる床材の種類	
	クッションフロア	タイル、石
	塩ビ系シート床材の一つで、耐水性がある。発泡層があるために緩衝性が高い。においや汚れの付きやすい目地が少なくなる。比較的安価（シート材には、ほかに天然素材を使ったリノリウムなどがある。リノリウムは伸縮が大きい素材で亜麻仁油のにおいも強いが、抗菌性が高いため病院などで使われる）	タイルには素地質により磁器質、陶器質タイルなどがあり、デザインにも幅がある。石では防水性の高い御影石などがよく使用される。どちらも表面の仕上げ次第ですべりやすくなる。タイルでは、表面加工が防汚・抗菌タイプであるほか、目地材も撥水性や防汚性とすること。また、大型犬では耐傷目地が必須
長毛種	●	▲ 防滑・防汚仕上げで、防汚・耐傷強化目地なら●
短毛種	●	▲ 防滑・防汚仕上げで、防汚・耐傷強化目地なら●。寝そべる場所には敷物が必要
アンダーコートの多い犬種	●	▲ 防滑・防汚仕上げで、防汚・耐傷強化目地なら●。表面が滑らかなほうが毛の清掃がしやすい
よだれの多い犬種	●	▲ 防滑・防汚仕上げで、防汚・耐傷強化目地なら●
大型犬	● 厚みが薄いものなどは爪で切れてしまいやすいので、表面強化されているものならよりいい	▲ 防滑・防汚仕上げで、防汚・耐傷強化目地なら●
小型犬	●	▲
幼犬	●	▲ 防滑・防汚仕上げで、防汚・耐傷強化目地なら●。寝そべる場所には敷物が必要
老犬	●	▲
猫	●	●

	カーペット	ホモジニアスビニルタイル	ゴム
	弾力性があってすべりにくく、高級感が得られるが、抜け毛や吐き戻しのためのメンテナンスがしづらいのが難点。また、パイルの形状によっては爪を引っかけての事故もあるので、パイル形状に注意する必要がある	耐水性の高いプラスチック系タイルの中でも、歩行感と耐摩耗性、耐薬品性にすぐれたタイプ。デザインも幅広いが、表面に防滑性のあるものを選びたい	天然ゴムや合成ゴムを主原料としたもの。弾性・耐摩耗性にすぐれているが主に施設向け
	▲	▲	●
	▲	▲	●
	▲	▲	●
	▲ 部分的に取り換えられるパネルタイプ、さらに洗える物であるなら●。パイルはカットかループなら編みがきつめのものに	▲ 防滑仕上げなら●。部分的にラグを用いること	●
	▲	▲	●
	▲	▲	●
	▲	▲	●
	× 爪をとがれやすいのでサイザル麻などなら▲	▲	● 細かい抜け毛があるので、掃き掃除しやすい表面仕上げならよりいい

参考文献

アレクサンドラ・ホロウィッツ著、竹内和世訳
『犬から見た世界』白揚社、2012

ジョン・ブラッドショー著、西田美緒子訳
『犬はあなたをこう見ている―最新の動物行動学でわかる犬の心理』河出書房新社、2012

林良博監修『イラストでみる犬学』講談社、2006

林良博監修『イラストでみる猫学』講談社、2003

ジョエル・ドゥハッス著、渡辺格・塚田導晴訳
『うちの猫はおりこうさん?』
マガジンハウス、2001

カレン・プライヤ著、河嶋孝、杉山尚子訳
『うまくやるための強化の原理』二瓶社、1998

デズモンド・モリス著、羽田節子訳
『キャット・ウォッチング』平凡社、1987

イアン・ダンバー著、尾崎敬承、時田光明、橋根理恵訳『ダンバー博士のイヌの行動問題としつけ―エソロジーと行動科学の視点から』モンキーブック社、2003

デニス・C.ターナー、パトリック・ベイトソン著、森裕司監修、武部正美、加隈良枝訳『ドメスティック・キャット―その行動の生物学』チクサン出版、2006

水越美奈監修『なるほど!犬の心理と行動』
西東社、2003

ジョン・ブラッドジョー著、羽田詩津子訳
『猫的感覚 動物行動学が教えるネコの心理』
早川書房、2014

ボニー・V.ビーバー著、斎藤徹、久原孝俊、片平清昭、村中志朗監訳『猫の行動学 行動特性と問題行動』インターズー、2009

パウル・ライハウゼン著、今泉吉晴、今泉みね子訳『ネコの行動学』どうぶつ社、1998

工亜紀子著『ペット・カウンセリング』
芳賀書店、1999

国土交通省編『高齢者、障害者等の円滑な移動等に配慮した建築設計標準(平成24年改訂版)』人にやさしい建築・住宅推進協議会、2012

横山裕、横井健、小川慧、小野英哲「すべりの測定方法の提示、ペットの安全性からみた床すべりの評価方法(その1)」
日本建築学会構造系論文集 第73巻
第624号、p189-196、2008

吉川翠、小峯裕巳、阿部恵子、松村年郎著『住まいQ&A 室内汚染とアレルギー』
井上書院、1999

中島義明、大野隆造編『すまう―住行動の心理学』朝倉書店、1996

汎用技術調査室編『世界で一番やさしい仕上げ材 内装編』エックスナレッジ、2012

野口貴文、今本敬一、兼松学、小山明男、田村雅紀、馬場英実著『ベーシック建築材料』彰国社、2010

日本建築学会関東支部材料施工専門研究委員会ユニバーサルデザイン建材WG『ペットと暮らす居住空間への新たな提案』
日本建築学会関東支部、2011

山根義久監修、廣瀬孝男編著『動物が出合う中毒―意外にたくさんある有毒植物』
鳥取県動物臨床医学研究所、1999

ロザモンド・リチャードソン著、大田直子訳『ナチュラルな暮らし百科』産調出版、2004

高橋章監修『花図鑑 ハーブ』草土出版、1996

「Using 'Dominance' To Explain Dog Behavior Is Old Hat」Sience Daily
(2009年5月25日号)

APDT (Association of Pet Dog Trainers)
「犬のトレーニングと支配性」についての声明(2009年10月20日)、https://apdt.com/about/position-statements/docs/PositionStatement.Dominance.pdf

Sho Yagishita, Akiko Hayashi-Takagi, Graham C.R. Ellis-Davies, Hidetoshi Urakubo, Shin Ishii, and Haruo Kasai「A Critical Time Window for Dopamine Actions on the Structural Plasticity of Dendritic Spines」Science (2014年9月26日号)、アブストラクトURL http://www.sciencemag.org/content/345/6204/1616.abstract

よりよい犬や猫の住まいの環境のために

　本書は、2008年（平成20年）に出版した『犬・猫の気持ちで住まいの工夫』に加筆修正をしたものです。

　実は、この翌年にイギリスの動物行動学者の「家畜化された犬は人に対して序列関係を求めず、問題行動が生じる原因として支配性理論は関係がない」という研究発表がありました。アメリカでも同じような研究成果が多くあり、世界最大のドッグトレーナー組織APDT（Association of Pet Dog Trainers）も「犬のトレーニングと支配性」についての声明を2009年に出しています。

　前書では「出入りの優先」などについて、古い理論を使った工夫の効果を解説した部分があったので、最新の犬のトレーニング理論を支持し修正しています（工夫自体は変わっていません）。

　また、この間、日本建築学会のワーキンググループに参加させていただく機会があり、そこで得られた研究成果も、新たに紹介することにしました。さらに、近年ではペット防災や猫の室内飼育環境に対する意識が高まっており、課題も多く、質問が増えています。こういった飼い主さんたちの声に応えるため、私なりに環境整備の提案について設計実例をもとに加筆しました。

　学術研究へ導いて下さった日本建築学会材料施工専門委員会の皆様、そして今回も協力いただいたイラストレーターのすずきみほさん、修正と増補の機会を与えてくれた彰国社さんに深く感謝を申し上げます。

2匹の相棒、猫のマメとふくと共に
2015年夏　金巻とも子

金巻とも子（かねまき　ともこ）

かねまき・こくぼ空間工房主宰。一級建築士、一級愛玩動物飼養管理士（ペットケア・アドバイザー）、家庭動物住環境研究家。
日本建築学会関東支部 材料施工専門研究委員会ユニバーサルデザインWG委員、特定非営利活動法人アナイス 環境部会理事。住宅・店舗の設計業務のほか、家庭動物との健康なくらしをテーマにした建築コーディネーターとして住まいの観点からアドバイスを行っている。著書に『マンションで犬や猫と上手に暮らす』（新日本出版社）がある。

イラストレーション
すずき　みほ

女子美術大学デザイン学科卒業。書籍の挿し絵でイラストレーターとして活動。

犬・猫の気持ちで住まいの工夫　増補改訂版
ペットケアアドバイザー・一級建築士と考えよう

2008年 5 月10日　第1版 発 行
2015年11月20日　増補改訂第1版 発行

著　者	金　巻　と　も　子
発行者	下　出　雅　徳
発行所	株式会社　彰　国　社

著作権者との協定により検印省略

自然科学書協会会員
工学書協会会員

Printed in Japan

© 金巻とも子　2015年

ISBN 978-4-395-32052-3　C3052

162-0067 東京都新宿区富久町8-21
電話 03-3359-3231（大代表）
振替口座　　00160-2-173401
印刷：三美印刷　製本：誠幸堂
http://www.shokokusha.co.jp

本書の内容の一部あるいは全部を、無断で複写（コピー）、複製、および磁気または光記録媒体等への入力を禁止します。許諾については小社あてご照会ください。